Kann der Muskelkater schnurren?

Clevere

KINDERFRAGEN

pfiffige Antworten

compact via kids

compact via ist ein Imprint der Compact Verlag GmbH

Baierbrunner Straße 27, 81379 München
Ausgabe 2013

Text: Jürgen Brück, Sabine Fritz, Heike Huwald, Feryal Kanbay, Birgit Kuhn, Kerstin Landwehr, Isabel Liebers, Elke Schwalm, Astrid Otte, Hanna Verena Zemme (neu bearbeitet von der Redaktion)
Chefredaktion: Dr. Matthias Feldbaum
Redaktion: Felicitas Szameit, Elena Bruns, Susann Harring
Produktion: Johannes Buchmann
Abbildungen: siehe Bildnachweis S. 144
Titelabbildungen: www.fotolia.de: nem4a (Hintergrund + Kater vorne), jokatoons (Raben hinten)
Gestaltung: ekh Werbeagentur GbR
Umschlaggestaltung: ekh Werbeagentur GbR

ISBN 978-3-8174-9250-3
381749250/1

www.compactverlag.de

LIEBE LESERIN, LIEBER LESER,

willkommen in der bunten Welt des Wissens!

Nussknacker, Feuerwerk, Käse und vieles mehr – hast du dich schon einmal gefragt, was hinter all dem steckt? Wer hat den Nussknacker erfunden, seit wann gibt es das Feuerwerk und wie kommen die lustigen Löcher in den Käse? Dieses Buch wird dir die spannendsten Fragen kurz und leicht verständlich beantworten.

Manche Fragen hast du vielleicht sogar schon auf eigene Faust erforscht und kennst die Antworten. Das ist prima. Dafür entdeckst du bestimmt einige andere Fragen, die dir noch gar nicht eingefallen sind.

Damit für jeden etwas dabei ist, ist das Buch in verschiedene Kapitel eingeteilt. Schau dich doch etwas in der Natur um und entdecke Tiersprachen und fleischfressende Pflanzen. Oder begib dich in die Welt der Erfindungen und Entdeckungen und begegne Galileo Galilei und Leonardo da Vinci. Auch eine kleine Reise in unseren menschlichen Körper erwartet dich. Von dort zurückgekehrt, kannst du die Vorgänge unseres Planeten Erde und der ganzen Galaxie erforschen. Bist du ein kleines Leckermäulchen, hält das Kapitel „Was wir essen und trinken" alles über Eis am Stiel und Popcorn für dich bereit. Anschließend kannst du der Frage „Wie war das damals?" auf den Grund gehen. Seit wann gibt es Osterhasen und wie war das eigentlich mit der Pest? Interessierst du dich für Religionen, Sagen und Legenden, dann wird dich das Kapitel „Religion und Gesellschaft" begeistern. Die Fragen, die dann noch offen sind, beantwortet das spannende Kapitel „Die Welt, in der ich lebe".

Im großen Wissensquiz am Ende des Buches kannst du herausfinden, wie gut du schon über all das Bescheid weißt. Vielleicht bekommst du ja auch Lust, neue Fragen zu stellen und die Antworten selbst herauszufinden. Solltest du einmal gezielt nach bestimmten Themen suchen wollen, hilft dir das umfangreiche Register am Ende des Buches. Dort sind die wichtigsten Stichwörter vermerkt.

Und nun viel Spaß bei deiner Reise durch die bunte Welt des Wissens!

INHALTSVERZEICHNIS

WELCHE TIERE WAREN ALS ERSTE AUF DER ERDE?

Die ersten Tiere entwickelten sich vor etwa 700 Millionen Jahren. Sie waren wurmartige Einzeller, die im Wasser lebten. Viele Millionen Jahre später entstanden aus ihnen dann fischartige Lebewesen mit flossenartigen Gliedern.

Aus den Flossen entwickelten sich schließlich Beine und die Tiere gingen an Land. Diese Tiere werden Lurche genannt und waren die ersten Amphibien. Amphibien können sowohl im Wasser als auch an Land leben. Alle anderen Tierarten haben sich aus ihnen entwickelt.

WARUM GIBT ES HEUTE KEINE DINOSAURIER MEHR?

Dinosaurier gab es vor über 225 Millionen Jahren. Warum die Dinosaurier ausgestorben sind, weiß man nicht genau.

Es wird angenommen, dass ein riesiger Meteorit aus dem All auf die Erde gestürzt ist. Beim Aufprall soll er so viel Staub aufgewirbelt haben, dass er die Sonne für längere Zeit verdunkelt hat. Ohne Sonnenlicht starben die meisten Lebewesen aus.

Eine andere Vermutung besagt, dass zahlreiche Vulkanausbrüche dafür gesorgt haben, dass kaum noch Sonnenstrahlen auf die Erde trafen.

WIE GROSS WAR DER GRÖSSTE DINOSAURIER?

Der wahrscheinlich größte Dinosaurier war der Argentinosaurus. Kaum zu glauben, aber er war 40 Meter lang. Kannst du dir das vorstellen?

Und ganz schön schwer war er auch: Er wog 100 Tonnen. Er lebte vor etwa 150 bis 65 Millionen Jahren. Sein sehr langer Hals bestand aus 18 Halswirbeln, die jeweils 1,7 Meter lang waren.

Dafür hatte er nur einen sehr kleinen Kopf. Der Argentinosaurus ernährte sich ausschließlich von Pflanzen.

WOHER WISSEN ZUGVÖGEL, WANN SIE LOSFLIEGEN SOLLEN?

Störche und Stare sind zum Beispiel Zugvögel. Wenn es bei uns Winter wird, fliegen sie in wärmere Gebiete. Doch woher wissen sie, dass es Zeit für den Abflug ist? Wie die meisten Tiere haben sie eine innere Uhr. Diese lässt sie instinktiv alles zur richtigen Zeit tun und sagt ihnen, wann sie in den Süden fliegen müssen.

Doch nicht nur die innere Uhr sorgt für den rechtzeitigen Abflug. Die Zugvögel orientieren sich außerdem an der Tageslänge. Wenn die Tage kürzer werden und es kälter wird, wissen sie, dass sie losfliegen müssen.

WOHER WISSEN ZUGVÖGEL, WOHIN SIE FLIEGEN MÜSSEN?

Jeder Zugvogel weiß von Geburt an seine artgerechte Reiseroute. Sie ist ihm ebenso angeboren wie die innere Uhr.

Viele junge Vögel lernen die Strecke aber auch von ihren älteren Artgenossen. Sie fliegen beim ersten Flug in den Süden im Schwarm mit und folgen den älteren Vögeln. Beim nächsten Mal wissen sie dann selbst, wo sie hinfliegen müssen.

WAS BEDEUTET DAS KLOPFEN DES SPECHTS AN BÄUME?

Das Klopfen des Spechts kennst du bestimmt. Hast du dich schon einmal gefragt, warum er das tut?

Der Specht hat einen harten und großen Schnabel. Mit diesem hämmert er gegen den Baum und löst damit die Rinde ab. Unter dieser befinden sich nämlich Insekten, die er mit seiner langen klebrigen Zunge herauszieht und dann frisst. Mmh, lecker!

Außerdem kann der Specht mit seinem Schnabel Höhlen in die Baumstämme hämmern, in denen er seinen Nachwuchs aufzieht.

WARUM SINGEN NACHTIGALLEN NACHTS?

Von der Eigenart, nachts zu singen, spricht sogar ihr Name: Nachtigall bedeutet Nachtsänger. Im zeitigen Frühjahr kannst du Nachtigallmännchen ab etwa elf Uhr nachts bis zum frühen Morgen hin singen hören. Weil ihr Gesang so kräftig, laut und wohltönend ist, wird er von den Menschen als angenehm und schön empfunden.

Die Männchen singen, um ein Weibchen als Brutpartnerin anzulocken. Haben sie eines gefunden, hören sie auf, nachts zu singen, und tun dies stattdessen tagsüber. Ab Mitte Mai singen nur noch Männchen ohne Partnerin nachts.

Übrigens beherrscht eine Nachtigall bis zu 260 verschiedene Strophen – das ist außergewöhnlich viel!

SIND RABEN SCHLECHTE ELTERN?

Schlechte Eltern werden oft als Rabeneltern bezeichnet, aber warum eigentlich? Denn Raben kümmern sich genauso um ihren Nachwuchs wie andere Vögel auch. Früher glaubte man, dass die Jungvögel früh auf sich gestellt sind, weil sie sehr bald nach dem Schlüpfen das Nest verlassen.

Aber mittlerweile weiß man, dass sie auch dann noch von den Eltern gefüttert werden, wenn sie nicht mehr im Nest leben. Außerdem bleiben Raben ein Leben lang zusammen.

Die wirklich schlechten Vogeleltern sind die Kuckucke – sie legen ihre Eier einfach in fremde Nester!

GIBT ES PARADIESVÖGEL WIRKLICH?

Ja, die gibt es. Der Name wird oft als Bezeichnung für schrille, außergewöhnliche Menschen verwendet. Und das zu Recht, denn die wirklichen Paradiesvögel sind ebenfalls sehr bunt. Die Vögel, von denen es etwa 40 Arten gibt, leben auf Neuguinea und den angrenzenden Inseln.

Während die Weibchen und Jungtiere ganz unauffällig sind, übertrumpfen sich die Männchen in ihrer auffallenden Schönheit. Der Nacktkopf-Paradiesvogel zum Beispiel hat blaue Füße, leuchtend rotes Rückengefieder, eine türkisfarbene Haube auf dem Kopf und zwei auffällig eingedrehte Schwanzfedern. Sehr exotisch, findest du nicht auch?

KÖNNEN VÖGEL AUCH GRIPPE BEKOMMEN?

Ja. Den Begriff Vogelgrippe hast du vielleicht schon einmal gehört. Bauern und Tierärzte nennen sie auch Geflügelpest. Darunter versteht man eine Gruppe von Viruserkrankungen bei Vögeln, die in seltenen Fällen auch auf andere Tiere und den Menschen übertragen werden können.

Dass die Vögel krank sind, kannst du daran erkennen, dass sie schwach werden, Fieber bekommen, keine heilen Eier mehr legen und sich nicht mehr normal bewegen. Am schlimmsten sind immer die Haushühner betroffen. Sie sterben oft an der Krankheit. Bei wild lebenden Vögeln verläuft die Erkrankung viel harmloser und tritt auch seltener auf.

FRESSEN SPINNENWEIBCHEN WIRKLICH IHRE MÄNNCHEN AUF?

Für weibliche Spinnen stellt jedes Tier Nahrung dar, das die Größe ihrer Beute hat. Die Männchen sind bei den meisten Spinnenarten wesentlich kleiner als die Weibchen und daher laufen sie häufig Gefahr, vom Weibchen gefressen zu werden.

Viele Weibchen verletzen die Männchen bei der Paarung. Oftmals laufen die Spinnenmännchen im Anschluss statt mit acht nur noch mit vier oder fünf Beinen herum. Aber nicht nur das: Die Schwarze Witwe und die Wespenspinne fressen ihre Männchen nach der Paarung oft sogar auf.

WARUM BAUEN AMEISEN HÜGEL?

Ameisen sind so klein, dass eine Ameise allein kaum eine Überlebenschance hat. Daher heißt das Motto der Ameisen: „Gemeinsam sind wir stark".

Ein Ameisenstaat lebt meist in Nestkuppeln aus kleinen Zweigen und Fichtennadeln. Im Inneren des Hügels befindet sich ein verzweigtes System aus Gängen und Nestkammern, das sich unter der Erde fortsetzt.

Die wichtigste Ameise eines Staates ist die Königin. Zu Gesicht bekommst du allerdings nur die Arbeiterinnen. Sie pflegen die Königin und die Brut. Außerdem bauen und reparieren sie den Hügel und bewachen die Eingänge.

HABEN TAUSENDFÜSSER WIRKLICH 1000 BEINE?

Die Tausendfüßer haben mit Sicherheit die meisten Beine im gesamten Tierreich. Doch 1000 Beine sind es trotz des Namens nicht. Aber immerhin bringt es das Männchen der Art *Illacme plenipes* auf bis zu 750 Beine.

Das Weibchen ist zwar fast doppelt so groß wie das Männchen, hat aber „nur" an die 660 Beine. Es gibt allerdings auch Tausendfüßerarten, deren Vertreter vergleichsweise wenige Beinpaare besitzen.

WIE FRESSEN FLIEGEN?

Fliegen gelten zu Recht als unhygienische Tiere! Nicht nur dass sie ihre Eier in Kothaufen oder vergammeltes Fleisch legen und die Reste, die an ihren Füßen haften bleiben, auf unser Essen übertragen. Auch ihr Essverhalten ist unappetitlich.

Da sie keine Beißwerkzeuge haben, müssen sie ihr Essen aufschlürfen. Dafür muss es aber flüssig sein. Das erreichen sie, indem sie sich zuerst auf das Essen erbrechen und so ihre Verdauungssäfte auf die Nahrung befördern. Danach können sie das zersetzte Essen aufsaugen. Aus diesen Gründen sind Fliegen auch Krankheitsüberträger.

KÖNNEN TIERE EINEN SONNENBRAND BEKOMMEN?

Ja, tatsächlich können sie das. Sie haben zwar dickes, dichtes Fell, das sie vor der Sonne schützt, aber wenn du mit deinem Tier zu lange in der direkten Sonne spazieren gehst, kann es sich trotzdem verbrennen. Hunde bekommen schnell einen Sonnenbrand auf der Nase, an den Lippen, auf dem Bauch – also an Stellen, die nicht vom Fell geschützt werden.

Auch viele Tiere, die wenig Fell haben, verbrennen sich bei zu viel sonnenbaden, zum Beispiel Walrosse und Schweine.

BELLEN NUR HUNDE?

Na klar, wer sonst, denkst du jetzt! Neben den Haushunden können aber auch Rehe bellen. Das glaubst du nicht? Befindest du dich in der Sommerzeit mal auf dem Land, wirst du abends sehr viel Bellen hören. Das müssten viele Hunde sein!

Die Geräusche, die Rehböcke in der Brunftzeit ausstoßen oder auch, wenn sie sich gegenseitig vor Gefahren warnen wollen, erinnern an das Bellen von Hunden. Jäger nennen das schröcken.

MÜSSEN TIERE ZUM FRISEUR?

Tiere beim Friseur? Das ist normalerweise nicht nötig. Denn meistens fallen die Haare der Wildtiere aus, wenn sie eine bestimmte Länge erreicht haben. Oder sie werden abgescheuert. Außerdem wechseln viele Tiere zwischen Sommer- und Winterfell. Zweimal im Jahr wechseln sie also ihr Fell beinahe komplett aus.

Anderen Tieren, wie etwa den Yaks im Himalaja, ist ihr langes Fell gerade recht, denn es schützt sie vor Kälte und Wind.

Inzwischen gibt es allerdings tatsächlich Tiere, denen man die Haare schneiden muss. Denn durch die Züchtungen bestimmter Rassen bei Hunden und Katzen werden die Haare manchmal unnatürlich lang.

KÖNNEN TIERE MITEINANDER SPRECHEN?

Aber ja, nur nicht mithilfe von Worten, wie wir Menschen, sondern durch Körpersignale. Dabei hat auch hier jede Tierart ihre eigene Sprache, die andere nicht verstehen. Wedelt ein Hund vor Freude mit dem Schwanz, fühlt sich die Katze bedroht, da sie unterschiedliche Tiersprachen sprechen.

Unter den Tieren gibt es aber auch einige, die Laute benutzen, du kennst bestimmt Wal- oder Delfingesänge. Und auch Menschenaffen verständigen sich über Laute. Sie sind so intelligent, dass sie auch menschliche Sprachen erlernen und anwenden können. Es gibt zum Beispiel eine Gorilladame, die sich mit Gebärdensprache – das ist die Sprache der Gehörlosen – ausdrückt.

BEKOMMEN IMMER DIE WEIBCHEN DIE BABYS?

Normalerweise sind es schon die Weibchen, die den Nachwuchs zur Welt bringen. Aber es gibt eine Tierart, bei der es die Männchen sind. Von denen hast du bestimmt schon einmal gehört: die Seepferdchen.

Beim Balztanz gibt das Weibchen die Eier an die Bauchtasche des Männchens ab. Dort werden sie befruchtet und von einer Hülle umgeben, die sie mit Sauerstoff versorgt und das Kohlendioxid ableitet. Zehn bis zwölf Tage später gebärt das Männchen den Nachwuchs.

WIESO REAGIEREN STIERE SO GEREIZT AUF ROTE TÜCHER?

Stierkämpfe sind Tradition in Spanien, Portugal, Südfrankreich und einigen anderen Ländern. Häufig sieht man, wie der Stierkämpfer den Stier mit einem roten Tuch reizt. Aber dass der Stier auf die Farbe Rot reagiert, ist ein Irrglaube, denn Stiere sind so gut wie farbenblind.

Stattdessen macht sie die schnelle Bewegung mit dem Tuch, dem sogenannten Muleta, so wütend. Zu Beginn der Tradition der Stierkämpfe waren diese Tücher noch weiß, erst mit der Zeit wurden sie rot, um sie der Farbe des Stierblutes anzupassen.

KANN SICH EIN PFERD ÜBERGEBEN?

Kennst du das Sprichwort „Ich hab schon Pferde kotzen sehen"? Wenn das jemand sagt, meint er, dass etwas eigentlich Unmögliches eintreten könnte.

Denn Pferde können sich nicht übergeben. Ihr Magen ist nicht dehnbar und der Ringmuskel, der den Magen von der Speiseröhre trennt, kann nicht „von unten" geöffnet werden. Damit wird sichergestellt, dass die Nahrung im Magen bleibt.

Problematisch ist das, wenn sich das Pferd überfrisst, was schnell passiert, weil sein Magen so klein ist. Dann bekommt es heftige Bauchschmerzen.

SIND ESEL WIRKLICH STUR?

Nein, aber durch ihr angeborenes Verhalten wirken sie manchmal so. Der Spruch „stur wie ein Esel" stammt aus der Antike, weil Esel so langsam sind und sehr vorsichtig.

Wildesel stammen nämlich aus bergigen und wüstenartigen Gegenden mit steinigem Boden. Die schmalen Hufe der Esel eignen sich perfekt für dieses Gelände. Trotzdem müssen sie vorsichtig gehen und überprüfen, ob der Untergrund wirklich hält. Deswegen bleiben sie manchmal einfach stehen. Diese Geduld, die Esel zeigen, hat nun dazu geführt, dass sie für stur und dumm gehalten wurden.

WOZU BAUEN BIBER DÄMME?

Biber sind zwar Säugetiere, aber sie fühlen sich im Wasser heimisch. In steile Uferböschungen graben sie mehrere Wohnhöhlen, die sie durch Röhren miteinander verbinden. Die Höhlen selbst liegen über dem Wasserspiegel, die Eingänge zu diesen Höhlen unter Wasser.

Wenn der Wasserstand nicht hoch genug ist, damit der Eingang wirklich unter Wasser ist, beginnt der Biber, einen Damm zu bauen. So kann das Wasser nicht weiterfließen, sondern sammelt sich an einer Stelle und der Wasserstand steigt.

WIESO SIND EINIGE TIGER WEISS?

Ganz weiße Tiger gibt es selten. Die nennt man Schneetiger und der letzte wurde 1958 in freier Wildbahn gesehen. Schneetiger sind Albinos, das heißt, dass ihnen die Farbpigmente fehlen. Deswegen haben sie keine Streifen und auch keine Augenfarbe, wodurch diese rot aussehen.

Es gibt aber unter den Tigern auch Halb-Albinos, denen nicht alle Farbpigmente fehlen – die sind zwar weiß statt rotgold, aber Streifen haben sie trotzdem und blaue Augen! Die nennt man dann weiße Tiger. Sie wurden in den 1950er-Jahren von Zoos und Zirkussen aus den Königstigern gezüchtet. Es handelt sich bei ihnen also nicht um eine eigene Art.

WIE KAM DER SIEBENSCHLÄFER ZU SEINEM NAMEN?

Siebenschläfer sind kleine, graue, mausähnliche Nagetiere, die tagsüber schlafen und nachts aktiv sind. Ihren komischen Namen haben sie im Mittelalter erhalten und zwar, weil sie rund sieben Monate Winterschlaf halten. Manchmal dauert er sogar neun Monate!

Im alten Rom, aber auch heute noch, besonders in Slowenien und anderen osteuropäischen Staaten, gilt das Fleisch des Siebenschläfers als Delikatesse.

WARUM TRAGEN ZEBRAS STREIFEN?

Zebras sind pferdeähnliche Tiere, die in den Steppen und Hochländern Afrikas leben. Das Besondere an ihnen ist ihr Fellmuster: schwarze Streifen auf weißem Grund. Aber warum sich diese Streifen entwickelten, ist unklar. Vielleicht weil sie meist in der Steppe leben und sich bei Gefahr im hohen Gras verstecken.

Bei dem flirrendem Licht über dem heißen Boden sind die Körperumrisse kaum noch zu erkennen und die Zebras dadurch vor Räubern geschützt. Manche Wissenschaftler glauben auch, dass die Streifen vor der Tsetsefliege schützen sollen. Die überträgt die Schlafkrankheit und kann wegen ihrer Facettenaugen die Streifen nicht sehen. Sie kann also die ganzen Zebras gar nicht erkennen.

WAS GESCHIEHT, WENN ICH IN EIN AQUARIUM VOLLER PIRANHAS FASSE?

Der Begriff Piranha bedeutet Zahn-Fisch. Piranhas sind 15 bis 40 Zentimeter große Raubfische mit scharfen Zähnen, die in Südamerika leben. Bekannt sind sie als blutrünstige, mörderische Tiere, die innerhalb von Sekunden große Beutetiere, wie Kühe oder Schweine, bis auf die Knochen abnagen. Das passiert aber sehr selten und nur dann, wenn die Tiere Blut wahrnehmen und daher in einen Blutrausch verfallen.

Dass Piranhas wirklich Menschen abnagen, ist noch nie vorgekommen. Du kannst also deinen Arm in ein Piranha-Aquarium halten – es würde nichts Schlimmes passieren. Der Fisch hätte eher Angst vor dir als anders herum. Ausprobieren solltest du es aber lieber trotzdem nicht!

WIE SCHLAFEN DELFINE?

Dass Delfine und Wale Säugetiere und keine Fische sind, weißt du bestimmt schon. Das bedeutet, sie haben keine Kiemen, sondern Lungen. Deswegen müssen sie zum Atmen immer wieder an die Oberfläche kommen, wo sie mit ihrem Blasloch, der Öffnung auf ihrer Kopfoberseite, Sauerstoff aufnehmen und Kohlendioxid abgeben.

Würden sie so schlafen wie wir Menschen, müssten sie ersticken, deswegen haben sie eine besondere Schlafmethode. Sie dümpeln dicht unter der Wasseroberfläche und es schläft immer nur eine Gehirnhälfte, die andere steuert währenddessen das Atmen. Auch bleibt immer ein Auge geöffnet, um nahende Gefahr rechtzeitig zu erkennen.

BEKOMMEN PINGUINE KALTE FÜSSE?

Und wie! Die Temperatur des Blutes in den Füßen von Pinguinen beträgt nur etwas über 0 Grad Celsius. Das ist wichtig, damit der Pinguin nicht am Eis festfriert, aber auch, damit das Eis unter seinen Füßen nicht schmilzt. Der Rest seines Körpers ist natürlich viel wärmer.

Dieser große Temperaturunterschied wird erreicht, indem das Blut, das aus dem Körper in die Füße fließt, seine Wärme an das nach oben strömende Blut abgibt.

KÖNNEN FLIEGENDE FISCHE TATSÄCHLICH FLIEGEN?

Fische, die fliegen können, gibt es leider nicht. Aber es gibt Fischarten, die segeln können. Fliegende Fische haben im Vergleich zu ihren Körpern sehr große Flossen, die fast wie Flügel aussehen. Mit diesen können sie sowohl im Wasser als auch in der Luft gleiten.

Sie können bis zu fünf Meter hoch aus dem Wasser springen und stolze 70 Kilometer pro Stunde erreichen. Haben sie dann einmal abgehoben, können sie bis zu 400 Meter weit in 1,5 Metern Höhe „fliegen". Dabei können sie sich 30 Sekunden lang außerhalb des Wassers aufhalten. Das tun sie aber eigentlich nur dann, wenn sie vor Fressfeinden fliehen müssen.

WARUM WEINEN KROKODILE?

Frühe Sagen behaupten, dass Krokodile wie Kinder weinen, um Opfer anzulocken. Sie vergießen also falsche Tränen, deswegen bedeutet der Begriff Krokodilstränen bis heute heuchlerische Tränen.

Diese Geschichte stimmt aber nicht. Denn Krokodile weinen nicht aus Arglist, sondern beim Fressen. Wenn sie ihr Maul sehr weit öffnen, drückt das so sehr auf die Tränendrüsen, dass die Tränen fließen.

WAS IST BIONIK?

Die Bionik ist eine Wissenschaft, die versucht, Phänomene aus der Natur in Technik umzusetzen. Denn die Natur hat es oft schon perfekt vorgemacht und dient deswegen als Vorbild.

U-Boote werden nach Vorlage von Hechten konstruiert. Die wasserabweisenden Blätter der Lotusblume dienten als Idee für bestimmte Lacke. Die Haut von Haifischen war Modell für eine neuartige Beschichtung von Flugzeugen, die hilft, Treibstoff zu sparen.

Selbst Klettverschlüsse, die aus unserem Alltag nicht mehr wegzudenken sind, haben ihr Vorbild in der Natur. Ahnst du, welche Pflanze es ist? Richtig, die Klette. Wie die aussieht, kannst du oben sehen.

GIBT ES WIRKLICH FLEISCHFRESSENDE PFLANZEN?

Du kennst bestimmt die Pflanze Sonnentau, einen einheimischen Fleischfresser. Das ist tatsächlich eine Pflanze, die auch fleischliche Nahrung benötigt, um ihren Energiebedarf zu decken. Das liegt daran, dass sie in Gegenden wächst, in denen der Boden nur wenig Nährstoffe enthält, zum Beispiel Sand, Moore oder Gebirge.

Insgesamt gibt es über 1000 Arten fleischfressender Pflanzen. Sie verspeisen Mücken, Fliegen oder Spinnen, manche sogar kleine Nagetiere. Um die Tiere anzulocken, haben die Pflanzen die ausgefallensten Methoden entwickelt.

Der Sonnentau zum Beispiel ködert Insekten mit den glänzenden Tropfen auf seinen Blättern. Sitzen sie auf dem Blatt, schließt sich dieses und die Pflanze kann das Insekt verdauen.

Zu spät! Für das Insekt gibt es kein Entkommen mehr.

KÖNNEN PFLANZEN DAS WETTER VORHERSAGEN?

Ja, durchaus. Zum Beispiel gibt es in der Natur viele Anzeiger für Regenwetter: Der Klee lässt seinen Kopf sinken, die Malve schließt ihre Blütenblätter, die Sonnenblume öffnet ihre morgens gar nicht erst. Linde und Birke duften besonders intensiv. Wenn Sturm naht, kannst du beobachten, wie der Mohn seinen Kopf senkt.

Selbst langfristige Vorhersagen funktionieren: Trägt die Stechpalme zu wenig Beeren, deutet das auf einen milden Winter hin. Eine Miniwetterstation kannst du dir selbst bauen: Hänge einen Kiefernzapfen vor dein Fenster. Sind die Schuppen geschlossen, wird es regnen, sind sie geöffnet, bleibt es trocken.

WIE ALT IST DER ÄLTESTE BAUM DER WELT?

In Mitteleuropa, wo wir leben, sind die ältesten Bäume meist zwischen 300 und 600 Jahre alt. Es gibt aber auch einige Eichen, die 1000 Jahre und mehr zählen. Das ist schon ganz schön viel, findest du nicht?

Es geht aber noch älter: Der älteste Baum der Welt ist der Old Tjikko, eine mindestens 9550 Jahre alte Fichte, die in Schweden gewachsen ist. Er ist ein Klonbaum, das heißt, sein Stamm ist erst einige Hundert Jahre alt, er hat sich aus den Wurzeln oder durch Wurzelschlagen eines Astes neu gebildet. Bei dem Gesamtalter von Bäumen zählt aber hauptsächlich das Alter der Wurzeln und die sind fast 10.000 Jahre alt!

Der älteste Baum, der nicht durch Klonen gewachsen ist, sondern durchgängig aus seinen Wurzeln, heißt Methuselah. Das ist eine Langlebige Kiefer, die in Kalifornien wächst und 4723 Jahre alt ist.

Diese Linde ist etwa 900 Jahre alt.

WIESO TRAGEN EINIGE PFLANZEN WAFFEN?

Du kennst es sicher: Du möchtest eine Rosenblüte pflücken und dann – aua – stichst du dich an den Stacheln. Sie sollen die Pflanze schützen und zwar vor Fressfeinden oder auch vor dem Austrocknen.

Übrigens gibt es einen Unterschied zwischen Stacheln und Dornen. Wir benutzen sie oft falsch herum: Kakteen tragen Dornen und Rosen Stacheln.

WIESO WACHSEN WURZELN IMMER NACH UNTEN?

Wurzeln sind sehr wichtig für eine Pflanze. Sie verankern sich nicht nur fest im Boden, sondern sorgen auch für die Aufnahme von Wasser und Mineralstoffen. Dafür muss die Wurzel nach unten in den Boden hineinwachsen. Doch woher weiß die Wurzel, wo unten und oben ist?

Wurzeln wachsen der Erdanziehungskraft entgegen, das nennt man Gravitropismus. Dafür sorgt vermutlich ein Hormon in den Pflanzenzellen, das sogenannte Auxin. Ganz sicher ist man sich da aber noch nicht.

WARUM KÖNNEN SEEROSEN SCHWIMMEN?

Für das Leben auf dem Wasser ist die Seerose bestens ausgerüstet: Sie besitzt Luftkammern im Blattgewebe, die wie kleine Schwimmflügel wirken und die Blüte und die Blätter oben halten. Auch in den Stängeln sitzen solche Luftkammern.

Außerdem haben ihre Blätter die perfekte Form, man nennt sie Schildblätter. Der Stil sitzt genau in der Mitte des Blattes, wodurch das Blatt gut auf dem Wasser liegt. Anstatt auf der Blattunterseite hat die Seerose ihre Atemlöcher auf der Blattoberseite. Diese sind auch noch durch eine Wachsschicht geschützt. Bei Regen oder schwappendem Wasser perlt es einfach ab.

WIE LANGE KÖNNEN KAKTEEN OHNE WASSER ÜBERLEBEN?

Kakteen sind hauptsächlich in Amerika beheimatet. Ein Kaktus kann bis zu 200 Jahre alt werden. Die Gefahr, zu vertrocknen, besteht nur selten, da Kakteen riesige Mengen an Wasser speichern können. Ihre Wurzeln bilden flach unter der Erde ein weit verzweigtes Netz, mit dem sie bei Regen viel Wasser aufnehmen können.

Wenn es sehr lange nicht regnet – das können manchmal mehrere Jahre hintereinander sein –, vertrocknen die Kakteen äußerlich. Sie werden faltig und runzelig, aber innerlich laufen die normalen Abläufe weiter. Beim nächsten Regen blühen sie wieder auf und füllen ihre Wassertanks.

SCHLAGEN BLITZE LIEBER IN EICHEN ALS IN BUCHEN EIN?

Kennst du den Spruch „Eichen sollst du weichen, Buchen sollst du suchen"? Das ist ein Ratschlag, wie man sich bei Gewittern verhalten soll. Allerdings ist der Spruch nicht wirklich richtig, denn es gilt: Gehe nie in die Nähe von Bäumen, wenn es gewittert!

Blitze schlagen nämlich oft in die höchsten Erhebungen ein – und das sind häufig Bäume. Deswegen ist es besser, sich auf den Boden zu hocken oder in einen Graben zu legen. Und halte Abstand von metallenen Gegenständen, da diese Strom leiten und den Blitz anziehen!

Der Hintergrund für den alten Ratschlag liegt übrigens darin, dass Eichen sehr tiefe Wurzeln haben, die bis zum Grundwasser reichen, und der Blitz an der zerklüfteten Rinde gut entlanggleiten kann.

IST JOHANNES GUTENBERG WIRKLICH DER ERFINDER DES BUCHDRUCKS?

Bücher gibt es schon ganz lange. Früher wurden sie mit der Hand geschrieben, in Europa oft von Mönchen in Klöstern. Johannes Gutenberg (um 1400–1468) schrieb Bücher natürlich nicht selbst, sondern ließ sie von einer Maschine drucken.

Aber er war gar nicht der Erste, der das tat. Schon 1440 gab es Blockbücher. Für diese musste jede Seite einzeln aus Holz geschnitten werden. Das war sehr aufwendig, deswegen entwickelte Gutenberg dieses Verfahren weiter.

Statt der ganzen Seite stellte er die einzelnen Lettern (also Buchstaben) her, die dann – immer wieder neu – beweglich zu einer Buchseite zusammengesetzt werden konnten. Damit ging es viel schneller, ein Buch zu drucken, und es wurde auch viel billiger. Auch ärmere Leute konnten sich nun Bücher leisten und lernten dafür lesen. Gutenberg kann also als Erfinder des modernen Buchdrucks bezeichnet werden.

Johannes Gutenberg

SEIT WANN SCHREIBT MAN MIT BLEISTIFTEN?

Schon vor etwa 5000 Jahren soll es in Ägypten mit flüssigem Blei ausgegossene Holzrohre gegeben haben. Die ersten modernen Bleistifte wurden in England um 1564 hergestellt, weil es hier besonders viel Grafit gab, der als Mine verwendet wurde. Anfangs hielt man Grafit für Blei, so entstand der irrtümliche Name Bleistift.

Etwa 100 Jahre später waren die Stifte aus England ein wahrer Verkaufsschlager und erreichten auch Deutschland, wo sie unter dem Namen Crayon verwendet wurden. Bald gab es Nachahmer und es entstanden auch hierzulande verschiedene Bleistiftfabriken.

WER HAT DAS WORLD WIDE WEB ERFUNDEN?

Ein Brite und echter Ritter! Eigentlich sollte es „nur" ein Rechnernetzwerk für Wissenschaftler der europäischen Organisation für Kernforschung werden, heute ist es die bekannteste und am häufigsten genutzte Variante des Internets. Jeder Forscher sollte ganz einfach auf alle Dokumente zugreifen können, egal auf welchem Rechner in welchem Land sie gespeichert wurden.

Dafür hat Tim Berners-Lee (geboren 1955) nicht nur ein Hypertextsystem entwickelt, in dem die Texte über Hyperlinks miteinander verbunden sind, sondern sogar eine eigene Programmiersprache, HTML genannt. Auch die Abkürzung www geht auf Berners-Lee zurück. Seit der Veröffentlichung dieses Systems 1991 kann jeder Mensch es benutzen. Berners-Lee wurde für diese Leistung in den Ritterstand erhoben.

Nicht nur zum Fahrradfahren benötigen wir Räder.

WELCHE ERFINDUNG IST DIE WICHTIGSTE DER GESCHICHTE?

Wie in einer Fernsehshow herausgefunden wurde, glauben die Menschen, dass das Rad am wichtigsten ist. Genau lässt sich das wohl nicht ermitteln, aber achte mal darauf, wie oft wir Räder benutzen. Und das schon sehr lange!

Etwa 3500 vor Christus gab es in verschiedenen Regionen Europas und Asiens die ersten Räder. Vorher wurden ganze Baumstämme und runde Äste als Rollen benutzt. Vielleicht kam dann jemand auf die Idee, einzelne Scheiben als Rad zu benutzen.

Eine andere Theorie besagt, dass Töpfer die ersten Räder aus Brettern zimmerten, um besser runde Gefäße herstellen zu können. Wie es genau war, ist nicht sicher, aber eine gute Erfindung war es!

WIE UND WO WURDE DAS ERSTE FOTO AUFGENOMMEN?

1826 wagte der Jurist Joseph N. Niepce (1765–1833) den ersten erfolgreichen Versuch, ein Foto aufzunehmen. Er beschichtete eine polierte Zinnplatte mit besonderem Asphalt, der die Eigenschaft hatte, bei Berührung mit Licht hart zu werden.

Nach dem Einbau in eine Kamera belichtete er diese Platte acht Stunden lang und tatsächlich härtete der Asphalt dort, wo er dem Licht ausgesetzt war. Den weichen Asphalt, also den von schattigen Stellen, entfernte er, und tadaa, das erste Foto war aufgenommen.

SEIT WANN GIBT ES FEUERWERKE?

Die ersten Feuerwerke gab es vor etwa 1000 Jahren in China. Sie waren zwar noch nicht bunt, aber dafür sehr laut. Aus dem Gebrauch von Schwarzpulver (das ist Schießpulver) entwickelte sich dann in Italien eine eigene Feuerwerkskunst mit aufsteigenden bunten Raketen. Das war schon 1379. Von hier an wurde diese Kunst in ganz Europa bekannt.

Noch weiter entwickelt wurde das Feuerwerk in Japan, wo es hana-bi heißt, Blumen aus Feuer, und zu religiösen Zwecken eingesetzt wurde. 1438 gab es das erste sogenannte Lust-Feuerwerk, ein Feuerwerk, das ausschließlich zur Erheiterung der Menge veranstaltet wurde.

Aber meistens gab es Feuerwerke zu politischen Ehrentagen oder bei hohen Staatsbesuchen. In Deutschland wurde übrigens Nürnberg das Zentrum der Pyrotechnik, so nennt man Feuerwerk wissenschaftlich. Hier wurden ganze Feuerwerksspiele zur Fastnacht ausgerichtet.

WORAUS BESTEHT EIN RAUMANZUG?

Raumanzüge sind wahre Wunder der Technik. Sie bestehen aus 13 Schichten und mehreren Apparaten, die Bedingungen wie auf der Erde herstellen. Ein Sauerstoffgerät zum Beispiel muss immer dabei sein. In die innerste Schicht des Anzugs sind Schläuche eingelassen, durch die kühlendes Wasser fließt, um den Astronauten vor Überhitzung zu schützen.

Die äußeren Schichten sind aus festen, feuerhemmenden Textilien und die Außenseite ist noch mit reflektierenden Metallen beschichtet, die den Astronauten vor Strahlung und Minimeteoriten schützen. Der Helm schließt ganz dicht mit dem Raumanzug ab.

Nur in dieser Montur kann ein Astronaut direktes Sonnenlicht und Temperaturen zwischen 100 und –260 Grad Celsius aushalten.

WER WAR DER ERSTE MENSCH AM HIMMEL?

Die ersten Lebewesen in einem Flugapparat waren keine Menschen, sondern Tiere! Genauer: ein Schaf, eine Ente und ein Hahn. Diese wurden von den französischen Brüdern Joseph (1740–1810) und Jacques (1745–1799) Montgolfier, den Erfindern des Heißluftballons, in den Himmel geschickt.

Erst als diese wohlbehalten zurückkehrten, durften auch Menschen nach oben, aber nicht die Brüder selbst, sondern der Physiker Jean-François Pilâtre de Rozier (1757–1785) und der Offizier François d'Arlandes (1742–1809). Selbst der französische König Ludwig XVI. (1754–1793) schaute diesem 25-minütigen Schauspiel am 21.11.1783 in Paris zu.

WIE LANGE SPIELEN KINDER SCHON MIT LEGO?

Weißt du, was das Wort Lego bedeutet? Das ist die Abkürzung des dänischen Begriffs Leg godt – Spiel gut. Denn es war der Däne Ole Kirk Christiansen (1891–1958), der in seiner Schreinerei Spielzeug aus Holz schnitzte und 1932 auf die Idee kam, Bausteine mit Noppen herzustellen.

Durch die Noppen können die Steine zusammengesteckt und unendlich oft kombiniert werden. Allein sechs Steine mit je acht Noppen ergeben 102.981.500 Kombinationsmöglichkeiten! Kannst du dir das vorstellen?

Ab 1949 wurden die Steine dann nicht mehr aus Holz, sondern aus Kunststoff hergestellt.

WER ERFAND EIGENTLICH DAS PUZZLE?

Ob du es glaubst oder nicht – das erste Puzzle war kein Spiel, sondern ein Lehrmittel im Geografie-Unterricht! 1763 zersägte der britische Kupferstecher John Spilsbury (1739–1769) eine auf Mahagoniholz aufgeklebte Karte von Großbritannien, die die Kinder wieder zusammenbasteln sollten.

Spilsbury schnitt einfach an den Grenzen der Grafschaften entlang. Die einzelnen Teile hielten also noch nicht fest zusammen, das kam erst später, als Anfang des 19. Jahrhunderts die Nasen und Nischen entwickelt wurden. Denn diese neue Art von Legespiel fand begeisterten Anklang bei Groß und Klein, sodass Anfang des 20. Jahrhunderts spezielle Schneidemaschinen die Handarbeit ablösten.

WAS WAR ZUERST DA? ROLLSCHUH ODER SCHLITTSCHUH?

Na, was denkst du? Richtig, der Schlittschuh! Der älteste wird von Forschern auf die Zeit 3000 vor Christus datiert. Einige Funde legen aber nahe, dass es schon viel früher Schlittschuhe gab, nämlich vor 20.000 Jahren! Die Kufen dieser alten Exemplare wurden noch aus Tierknochen hergestellt und hauptsächlich zum Jagen auf dem Eis benutzt.

Aber auch die ersten Schlittschuhe aus Stahl sind schon 2000 Jahre alt. Dagegen sind Rollschuhe sehr jung. 1760 wurden die ersten selbst gebauten Rollschuhe bei einem Maskenball in London getragen. So wie wir sie heute kennen, gibt es Rollschuhe seit 1863, entworfen von J.L. Plimpton.

WER ENTWICKELTE DEN REISSVERSCHLUSS?

Erste Ideen für Reißverschlüsse gab es schon Mitte des 19. Jahrhunderts, aber der erste praktikable Versuch kam von dem amerikanischen Ingenieur Whitcomb L. Judson (1836–1909).

Da diese ersten Exemplare sich aber immer wieder öffneten, entwickelte der Schwede Gideon Sundbäck (1880–1954) die Erfindung weiter. Ein Keil oder Schieber presste nun die einzelnen Zähne zusammen und verschloss sie fest.

1923 erwarb der Schweizer Martin O. Winterhalter (1889–1961) das Patent für Europa und führte die Rippen-und-Rillen-Methode ein, die wir heute noch kennen. In seiner Firma wurden dann die ersten serienmäßig gefertigten Reißverschlüsse der Welt produziert. Zum Glück, denn allein in Deutschland werden pro Jahr 70 Millionen Meter davon hergestellt.

WER ERFAND DAS THERMOMETER?

Du kennst das sicher: Wenn du krank bist, misst deine Mama oder dein Papa deine Temperatur. Der Erste, der die Temperatur messen konnte, war der italienische Erfinder Galileo Galilei (1564–1642) mit einem selbst gebauten Apparat. In diesem befanden sich Glaskugeln in Flüssigkeit. Je nachdem, wie warm die Flüssigkeit war, stiegen die Kugeln nach oben, blieben in der Mitte oder sanken hinab. Sehr genau war das natürlich nicht.

Heute befinden sich in Thermometern besondere Flüssigkeiten, zum Beispiel Quecksilber, die sich bei Erwärmen ausdehnen und bei Erkalten zusammenziehen. Die Skala hinter der Flüssigkeit zeigt dann an, welche Temperatur wir haben.

SEIT WANN GIBT ES DAS PERIODENSYSTEM DER ELEMENTE?

1869 gelang es dem deutschen Chemiker Julius Lothar Meyer (1830–1895), eine umfassende Übersicht über die verschiedenen chemischen Elemente anzulegen. Zeitgleich, aber unabhängig davon, entwickelte der russische Chemiker Dmitri Mendelejew (1834–1907) ein fast gleiches System.

Die damals bekannten 63 Elemente brachte Meyer in eine Reihenfolge: Elemente mit gleichen chemischen Eigenschaften wurden übereinander angeordnet, die mit benachbarten Atomgewichten nebeneinander. Und er stellte fest: Ähnliche chemische Eigenschaften wiederholen sich.

Meyer ahnte sogar schon, dass laut seiner Darstellung Elemente fehlen, und ließ Platz für sie. Tatsächlich kamen bis heute noch 55 hinzu.

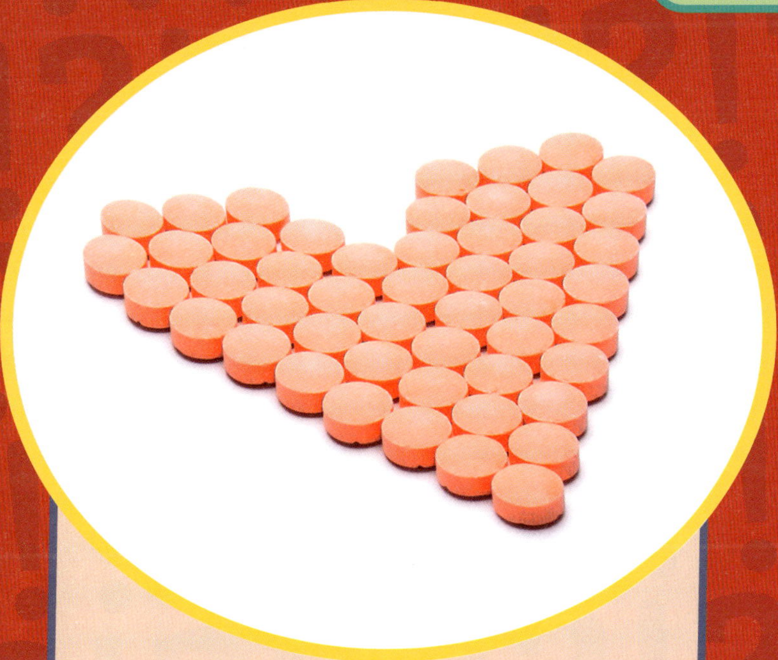

WARUM IST DIE ANTIBABY-PILLE EINE SO WICHTIGE ERFINDUNG?

Die Kontrolle über Schwangerschaft und Geburt gelangte mit der Einführung der Antibabypille in die Hände der Frau allein. Anfangs war diese Methode sehr umstritten, aber nur fünf Jahre nach deren Einführung 1960 griffen in den USA schon knapp die Hälfte der Frauen unter 30 Jahren zur Pille.

Entwickelt wurde sie schon 1921 in Österreich. Der Physiologe Ludwig Haberlandt (1885–1932) entdeckte die Möglichkeit, durch die Einnahme von Hormonen Einfluss auf den weiblichen Körper zu nehmen. Er starb aber, bevor er es praktisch umsetzen konnte.

Das übernahmen dann einige Jahre später die Amerikaner Carl Djerassi (geboren 1923) und Luis E. Miramonte (1925–2004), die die erste Pille entwickelten.

WER ENTDECKTE DIE DNA?

Weißt du, was DNA bedeutet? Es ist die Abkürzung für das englische Wort von Desoxyribonukleinsäure. Was so kompliziert klingt, ist schlichtweg der Bauplan für deinen Körper. Den kannst du dir vorstellen wie eine lange Perlenschnur, bei der die Informationen wie Perlen aufgereiht sind.

Von den Informationen gibt es unvorstellbar viele, deswegen wäre die DNA, wenn man sie abwickeln würde, auch fast zwei Meter lang. Diese Informationsschnur steckt im Zellkern jeder einzelnen Zelle in deinem Körper! Entdeckt wurde sie 1869 von dem Schweizer Chemiker Friedrich Miescher (1844–1895).

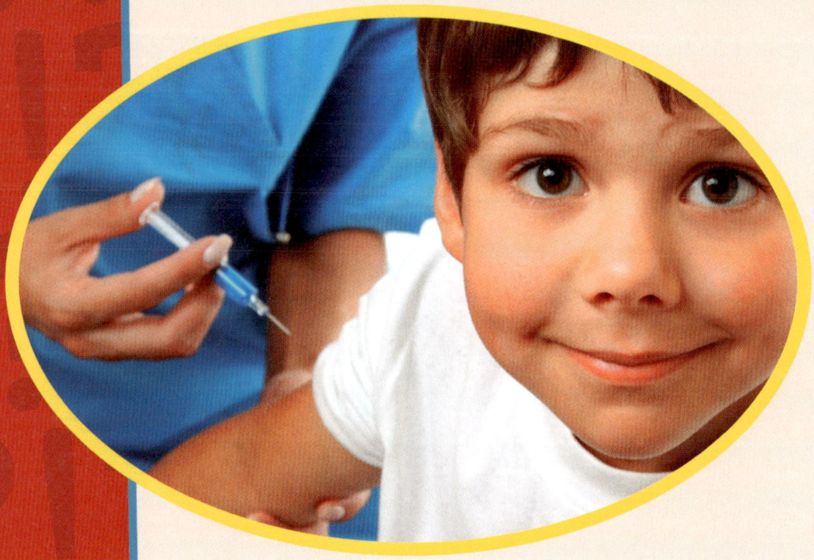

GEGEN WELCHE KRANKHEIT WURDE DIE ERSTE IMPFUNG DURCHGEFÜHRT?

Noch schlimmer als die Pest wüteten die Pocken in der ganzen Welt und das über mehrere Tausend Jahre hinweg. Viele Millionen Menschen starben an ihnen. Seit 1977 ist weltweit kein Pockenfall mehr aufgetreten.

Zu verdanken haben wir das der Pockenimpfung, die der Engländer Edward Jenner (1749–1823) entwickelte. An Bäuerinnen, die sich mit den Kuhpocken infizierten, beobachtete er, dass sie von der viel gefährlicheren Menschenseuche verschont blieben oder nur leicht erkrankten. Daraufhin verwendete er ab 1796 die Flüssigkeit aus den Kuhpockenblasen zur Impfung.

Es dauerte etwas, bis dieses Verfahren anerkannt wurde, aber schon ab 1807 gab es in vielen europäischen Ländern die Impfpflicht – mit Erfolg.

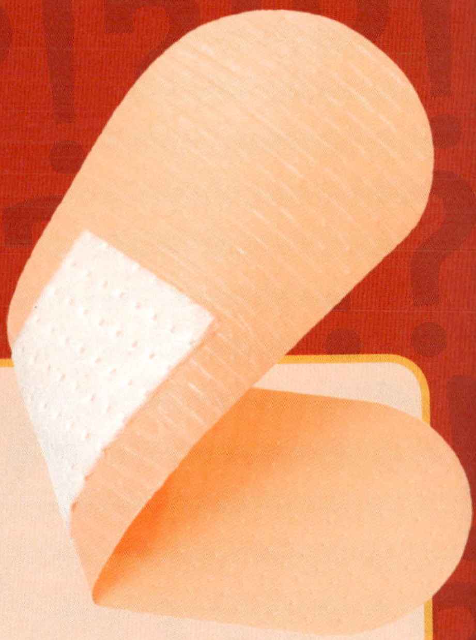

WEM VERDANKEN WIR DAS PFLASTER?

Stell dir mal vor, du müsstest nach jeder noch so kleinen Verletzung einen großen Verband tragen! Seit das Heftpflaster erfunden wurde, ist das anders. Vor mehr als 100 Jahren funktionierte ein Pflaster so, dass auf die verletzte Haut ein Klebstoff gestrichen wurde und darüber kam dann die Wundauflage. Der Apotheker Paul C. Beiersdorf (1836–1896) hatte das erfunden und nannte es Guttapercha-Pflastermulle.

1901 beseitigte Oscar Troplowitz (1863–1918) Mängel an diesem Pflaster, zum Beispiel Hautausschlag durch den Klebstoff. So entstand das Leukoplast, aus dem 1922 das Pflaster, wie wir es heute kennen, das Hansaplast, hervorging. Auf diesem befindet sich nur in der Mitte ein keimfreier Mullstreifen.

SEIT WANN PUTZEN DIE MENSCHEN IHRE ZÄHNE?

Seit die Menschen viel Zucker konsumieren, sind auch ihre Zähne anfälliger. Die Römer spülten ihren Mund mit Froschessig aus, weil sie glaubten, dies schütze ihre Zähne.

Die frühesten Zahnbürsten, die diesen Namen verdienen, gab es schon vor mehreren Tausend Jahren in Mesopotamien. Diese Zahnbürsten waren büschelförmig gespaltene Zweige. Diese Technik hält sich in einigen Teilen der Welt bis heute. Selbst Zahnpasta wurde schon vor 3000 Jahren hergestellt, aus Honig, Ingwer, Zimt, Salz, Muskatnuss und Sesamöl.

In Europa benutzte man im 18. Jahrhundert vor allem teure Zahnbürsten aus Wildschweinborsten. Für die breite Masse gab es günstige Zahnbürsten dann erst ab 1938, nachdem die Borsten aus Nylon hergestellt wurden. Kurz darauf wurde schon die elektrische Variante entwickelt.

WELCHES WAR DAS ERSTE ORGAN, DAS TRANSPLANTIERT WURDE?

Die meisten Organe sind lebenswichtig. Deswegen versuchten Menschen schon zu Beginn des 20. Jahrhunderts, diese zu ersetzen, wenn sie ausfielen. Allerdings setzten sie dann keine menschlichen Ersatzorgane ein, sondern die von Schweinen oder Ziegen. Aufgrund der Immunabwehr des Menschen konnte das nicht funktionieren.

Nach vielen Misserfolgen fand die erste erfolgreiche Organtransplantation 1954 in Amerika statt. Eine Niere wurde von einem eineiigen Zwilling an den anderen gespendet. Der Chirurg Joseph E. Murray (1919–2012) erhielt dafür den Nobelpreis für Medizin. Heute können Ärzte sehr viele Organe, Gewebe und Zellen transplantieren, am häufigsten übrigens Nieren.

WAS VERBINDET NAPOLEON MIT KONSERVENDOSEN?

Napoleon (1769–1821) war ein französischer Herrscher und Heerführer des 18. und 19. Jahrhunderts. In dieser Zeit wurden zahllose Kriege geführt, in die Napoleon mit seinem großen Heer zog.

Problematisch war aber die Versorgung der mehr als 300.000 Männer. Es starben mehr Soldaten an Hunger als durch die Kriegshandlungen. Deswegen schrieb Napoleon eine Belohnung von 12.000 Goldfranken für denjenigen aus, der etwas zum Haltbarmachen (Konservieren) von Lebensmitteln erfand.

Daraufhin entwickelte 1810 der Konditor Nicolas Appert (etwa 1749–1841) die Konserven-„Dose". Zuerst bestand diese noch aus Glas, erst später dann aus Blech. Die Lebensmittel werden hierfür auf 100 Grad Celsius erhitzt, wodurch Bakterien abgetötet werden, und dann luftdicht verschlossen.

WIE ALT SIND DOSENÖFFNER?

Nach der Entdeckung von Nicolas Appert (etwa 1749–1841), Lebensmittel in Glasflaschen zu konservieren, kam 1810 Pierre Durand (1766–1822) auf die Idee, Konservendosen aus Blech zu verwenden. War das Essen einmal drin, hielt es sich lange – doch wie kam es wieder heraus?

Anfangs musste man starke, große Messer für die vergleichsweise dicken Dosen einsetzen, etwa Bajonette, manchmal sogar Hammer und Meißel oder ein Beil! Den heute üblichen Öffner mit Schneidrad erfand der US-Amerikaner William Lyman (1821–1891) im Jahr 1870. In Getränkedosen wurden sogar Öffner integriert, die sogenannten Lift-Tabs – die kennst du sicher!

WER ERFAND DEN NUSSKNACKER?

Anfangs versuchte man, mit Steinen, Hammer oder Zähnen an das Innere einer Nuss zu gelangen, aber das war mühsam. Deswegen begannen die Menschen früh, an einer Maschine zu tüfteln, die die Schale knackte. Das erste Exemplar mit zwei Hebelarmen ist aus der Antike bekannt und wird dem Philosophen Aristoteles (384–322 vor Christus) zugeschrieben.

Später versuchte sich auch der große Erfinder Leonardo da Vinci (1452–1519) an einem solchen Gerät und entwickelte dank einer selbst konstruierten Drechselmaschine den ersten Nussknacker, der die Form einer Figur hatte.

WIE ENTSTEHT GLAS?

Glas hat komplizierte chemische Eigenschaften – es gilt sogar als Flüssigkeit! Es gibt natürliches Glas, wie Obsidian, und künstlich hergestelltes. Der Hauptbestandteil von Glas ist Quarzsand. Der Sand wird zusammen mit anderen Stoffen, wie Soda, Kalk und Pottasche, in einen Schmelzofen gefüllt, wo alles bei bis zu 1500 Grad Celsius geschmolzen wird.

Diese Flüssigkeit wird dann in Form gebracht, entweder durch Walzen zu Fensterglas verarbeitet oder auch zu Vasen und Gläsern geblasen. Beim Abkühlen erstarrt das flüssige Glas.

WAS SPENDETE LICHT, BEVOR ES ELEKTRISCHE LAMPEN GAB?

Kerzen würde jeder sagen. Aber es gab schon Lampen, bevor Kerzen entwickelt wurden. Fackeln zum Beispiel, oder Öl- und Talglampen. Jede dieser frühen Lampen basiert auf brennbaren Materialien, wie tierischen Fetten und Ölen.

Kerzen sind bei uns tatsächlich erst seit dem 2. Jahrhundert in Gebrauch. Mit dem Christentum und den Gottesdiensten in Kirchen verbreiteten sie sich dann rasant. Seit der Erfindung der Glühbirne im 19. Jahrhundert wird diese meist als Lichtquelle eingesetzt.

KONNTE MAN SCHON FRÜHER KRIEG AUF DEM WASSER FÜHREN?

Ja, das konnte man, mit Kriegsschiffen und anderen Wasserfahrzeugen. Die ersten Kriegsschiffe bauten die alten Griechen. Das waren Langschiffe, die später zu Galeeren wurden. Bald schon übernahmen die Römer die Vorherrschaft auf den Meeren, indem sie auf den Schiffen zusätzlich Fußsoldaten einsetzten, was ihnen Vorteile beim Entern brachte.

Im 15. Jahrhundert besaß China dann mit 300 Schiffen die größte Kriegsflotte. Die größten Schiffe waren 70 Meter lang und hatten neun Masten. Mit Zunahme der Kanonen an Bord übernahmen die Spanier und Portugiesen Platz eins.

SEIT WANN SCHMINKT FRAU SICH?

Lippenstift, Rouge, Nagellack – alles gar nicht so neumodisch, wie du vielleicht denkst. Und vor allem: nicht nur für Frauen! Viele Männer, vor allem Krieger, färbten ihre Lippen. Die ältesten Funde, die auf das Färben von Lippen zurückzuführen sind, sind über 5000 Jahre alt.

Die ägyptische Königin Nofretete (14. Jahrhundert vor Christus) hat ebenfalls ihre Lippen rot gefärbt und ihre Augen stark geschminkt. Das taten auch viele ägyptische Männer, da Augen ein Sinnbild für den Sonnengott Ra waren und besondere Bedeutung hatten.

Die Römerinnen nutzten all das später auch, kannten sogar Wimperntusche, die aus gebranntem Kork hergestellt wurde. In Japan war Schminke Pflicht für hochgestellte Frauen, während sie in Griechenland für solche Frauen verpönt war. Den ersten tatsächlichen Lippenstift benutzte übrigens die britische Königin Elisabeth I. (1533–1603).

WEM VERDANKEN WIR MUSIK IM WOHNZIMMER?

Sicher hast du schon einmal einen Plattenspieler gesehen. Ab dem 1. Weltkrieg wurde er ein Kassenschlager. Erfunden hat ihn 1887 der Deutsche Emil Berliner (1851–1929) in den USA – die Schallplatte entwickelte er auch gleich mit.

Anfangs nannte man den Plattenspieler noch Elektrisches Grammofon, da die Funktionsweise ähnlich war, aber man bei dem Plattenspieler nicht mehr per Hand kurbeln musste.

Die Platten, die in ihrer frühen Version aus Schellack waren und später dann aus dem bekannten Vinyl, bekamen erst in den 1960er-Jahren Konkurrenz von der Musikkassette und später dann von der CD.

WIE FUNKTIONIERT EIN RADIO?

Das Radio wurde in mehreren Schritten entwickelt. 1886 entdeckte Heinrich Hertz (1857–1894) die elektromagnetischen Wellen. Diese Wellen können Signale durch die Luft, das heißt ohne Draht, übertragen. Wie man diese Wellen aber für akustische, das sind hörbare Signale nutzen kann, entdeckte Nikola Tesla (1856–1943).

Ein Aufnahmegerät, normalerweise das Mikrofon, muss das akustische Signal in elektromagnetische Wellen umwandeln, ein Radio dann die elektromagnetischen Wellen in hörbare Signale (Schall). Das erste Radio baute dann 1896 Alexander Popow (1859–1906) und 1919 wurde schon die erste richtige Radiosendung ausgestrahlt.

Der fast 102 Meter lange „Fürstenzug“ aus 23.000 Porzellanfliesen am Dresdner Residenzschloss

WAS IST WEISSES GOLD?

Hast du schon einmal Gold gesehen, das weiß ist? Nein? Das geht auch nicht, denn der Begriff weißes Gold steht für Porzellan. Dieses wurde erstmals 620 nach Christus in China hergestellt und dort als Geschirr benutzt.

Der berühmte Händler Marco Polo (etwa 1254–1324) brachte es Ende des 13. Jahrhunderts nach Europa. Erst 1708 gelang es in Meißen, das erste europäische Porzellan zu produzieren. Noch heute ist die Stadt für die Herstellung edler Service berühmt. Übrigens sollen Porzellanscherben Glück bringen.

WER WAR DER ERSTE MENSCH, DER MIT EINEM FALLSCHIRM SPRANG?

Schon im 15. Jahrhundert gab es erste Zeichnungen von Fallschirmen. Auch der berühmte Gelehrte und Erfinder Leonardo da Vinci (1452–1519) hatte Ideen für einen funktionsfähigen Fallschirm.

Aber erst im 18. Jahrhundert versuchte wirklich jemand den ersten Sprung: 1783 sprang der Franzose Louis-Sébastien Lenormand (1757–1837) in Montpellier mit seinem selbst gebauten Fallschirm von dem Turm einer Beobachtungsstation und landete ohne Verletzung.

1797 sprang dann schon der erste Mensch mit einem Fallschirm aus einem Heißluftballon. Immerhin 400 Meter segelte André-Jacques Garnerin (1769–1823) durch die Luft, bevor er unversehrt landete. Knapp 100 Jahre später entwickelte die Deutsche Käthe Paulus (1868–1935) den zusammenfaltbaren Fallschirm und führte damit über 100 Sprünge aus 1000 Metern Höhe aus.

WOZU BRAUCHEN WIR KNOCHEN?

Alle Knochen unseres Körpers zusammen genommen ergeben das Skelett. Es wird auch Stützapparat genannt, weil es unseren Körper stabil macht und das aufrechte Gehen ermöglicht. Viele Knochen schützen besonders wichtige und verletzbare Teile. So ist zum Beispiel der Schädelknochen eine feste Hülle für unser Gehirn und die Rippen bilden einen Schutzschild für unsere Organe.

Unsere Knochen können aber noch mehr: Sie speichern den Mineralstoff Kalzium, der für die Zähne und das Funktionieren unserer Organe wichtig ist. Das Knochenmark im Inneren der Knochen produziert rote und einige weiße Blutkörperchen, ohne die wir nicht leben könnten.

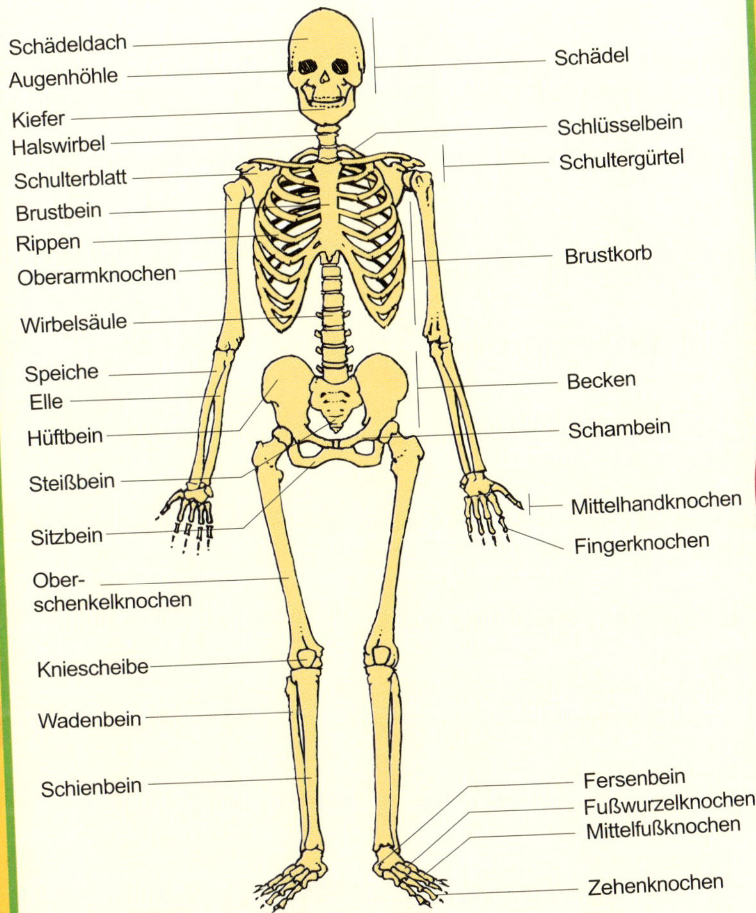

WELCHES IST UNSER KLEINSTER KNOCHEN?

Wer hätte das gedacht – er sitzt im Ohr! Mit einer Länge von nur 2,6 bis 3,4 Millimetern und einem Gewicht von 2,0 bis 4,3 Milligramm ist der kleinste Knochen des Menschen der sogenannte Steigbügel. Das ist ein Gehörknöchelchen im Mittelohr.

Warum er so heißt? Seine Form erinnert an den Steigbügel eines Pferdesattels: Von der Fußplatte gehen zwei Schenkel aus, die oben wieder zusammenstoßen. Seine Aufgabe ist es, gemeinsam mit den zwei anderen Gehörknöchelchen, dem Hammer und dem Amboss, das Trommelfell mit dem Innenohr zu verbinden.

Kennst du auch unseren größten Knochen? Das ist mit 50 Zentimetern Länge und 500 Gramm Gewicht der Oberschenkelknochen.

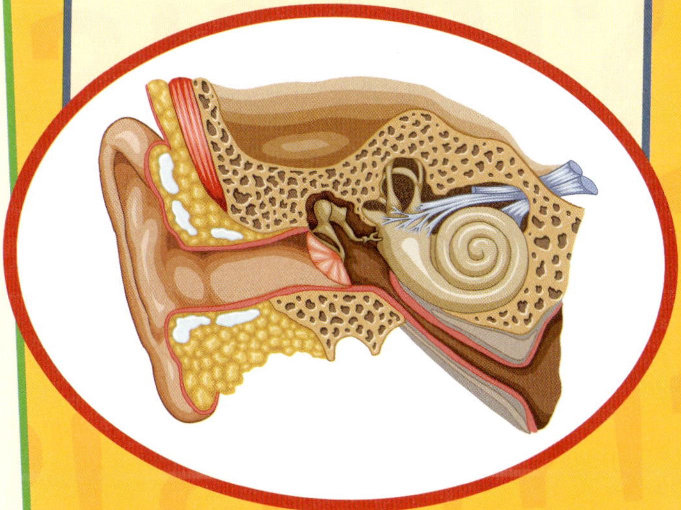

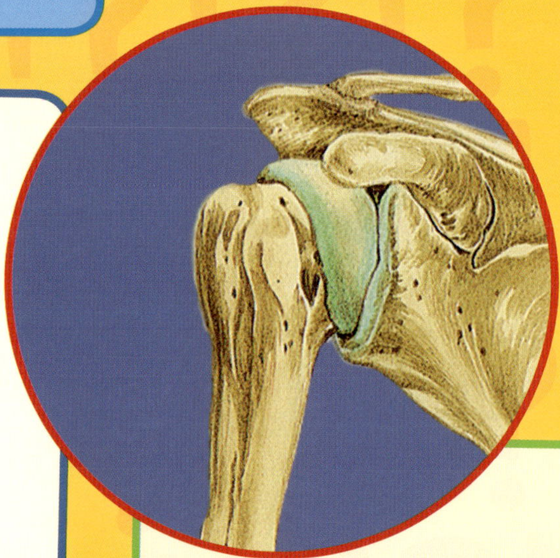

GIBT ES KNOCHEN AUS GLAS?

Nein, natürlich nicht. Man nennt Glasknochen nur so, weil sie außergewöhnlich leicht sind und deswegen schnell und häufig brechen.

Die Ursache für die sogenannte Glasknochenkrankheit ist eine Störung in der Herstellung von Kollagen – das ist der Stoff, der für die Festigkeit unserer Knochen sorgt. Diese Störung wird vererbt und wer daran erkrankt, muss sich immer sehr vorsichtig bewegen.

Mit einem Gipsverband heilt ein gebrochener Knochen besser.

WAS TUN GELENKE?

Gelenke sind die Verbindungsstücke zwischen den starren, festen Knochen. Wir brauchen sie, damit wir uns überhaupt bewegen können. Je nach Bewegung gibt es unterschiedliche Gelenkarten: Bedeutend sind zum Beispiel Kugelgelenke, diese ermöglichen Bewegungen in alle Richtungen. So sorgt etwa das Schultergelenk dafür, dass wir unsere Arme kreisen lassen können.

Scharniergelenke dagegen lassen sich nur beugen und strecken, das sehen wir beispielsweise an Ellbogen und Fingern.

WELCHE AUFGABEN HABEN MUSKELN?

Egal, ob wir einen 100-Meter-Sprint machen oder eine Grimasse ziehen, für jede noch so kleine Bewegung benötigen wir unsere Muskeln. Sie helfen dabei, dass wir aufrecht stehen können, und geben uns unsere Körperform.

Wichtig sind Muskeln aber auch für die Wärmeproduktion. Sie wandeln die Energie, die wir mit der Nahrung aufnehmen, in Wärme um und tragen so dazu bei, dass unser Körper stets 37 Grad Celsius warm ist.

WIE GELANGT DIE KRAFT VON UNSEREN MUSKELN ZU UNSEREN KNOCHEN?

Jeder Muskel ist an einigen Stellen mit dem Knochen verbunden, nämlich festgeschweißt durch die Sehnen. Sehnen sind besondere Teile des Muskels, die aus Bindegewebe und Kollagen bestehen und sehr fest sind.

Winkeln wir zum Beispiel den Arm an, zieht sich der große Muskel im Oberarm, der sogenannte Bizeps, zusammen und die zwei Enden des Muskels – das sind die Sehnen – bewegen sich aufeinander zu.

Unsere größte Sehne ist übrigens die Achillessehne, die unser Fersenbein mit den Wadenmuskeln verbindet.

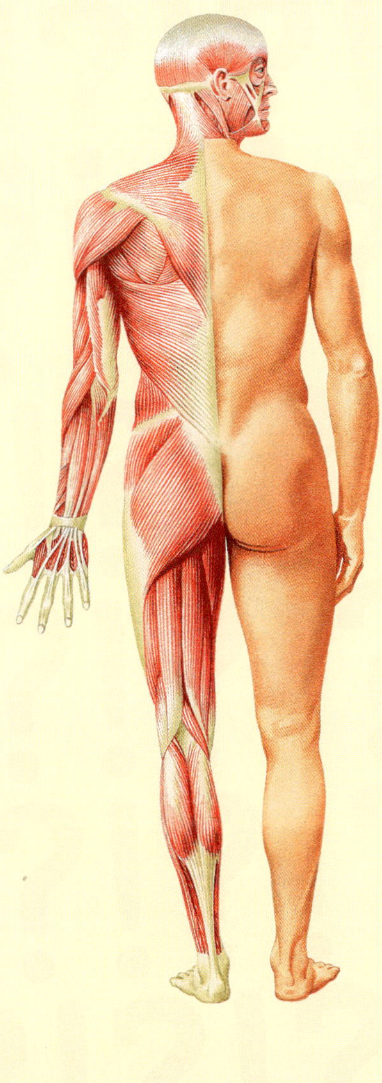

WELCHES IST UNSER GRÖSSTER UND WELCHES IST UNSER KLEINSTER MUSKEL?

Der größte Muskel gesellt sich zu unserem größten Knochen – es ist der Schneidermuskel, der von der Hüfte bis zum Knie reicht und stolze 70 Zentimeter misst.

Nur weil er der längste ist, heißt das aber nicht, dass er auch der stärkste Muskel in unserem Körper ist. Zu den stärksten gehört zum Beispiel – wer kennt ihn nicht – der große Gesäßmuskel. Aber auch unsere Zunge ist ein Muskel, und zwar ein sehr starker.

Und der kleinste Muskel? Das ist der Stapedius. Er befindet sich im Ohr, wo auch der kleinste Knochen sitzt, und ist nur 1,2 Millimeter lang.

GROSSE MUSKELN, KLEINE MUSKELN – ABER WELCHES IST DER WICHTIGSTE MUSKEL?

Wir brauchen im Alltag alle Muskeln, aber ohne den Herzmuskel könnten wir gar nicht leben. Durch Zusammenziehen und Ausdehnen pumpt das Herz Blut in den Rest unseres Körpers, das uns mit allen lebenswichtigen Stoffen versorgt.

Das Tolle: Das Herz passt sich den Anforderungen an und kann mal mehr Blut durch den Körper pumpen und mal weniger – je nachdem, wie viel benötigt wird.

Im Ruhezustand unseres Körpers befördert das Herz mit einem Schlag rund 70 Millimeter Blut durch den Körper. Wenn wir uns anstrengen, können es bis zu 300 Millimeter sein. Der Herzmuskel ist auch einer der wenigen, die wir nicht bewusst steuern können.

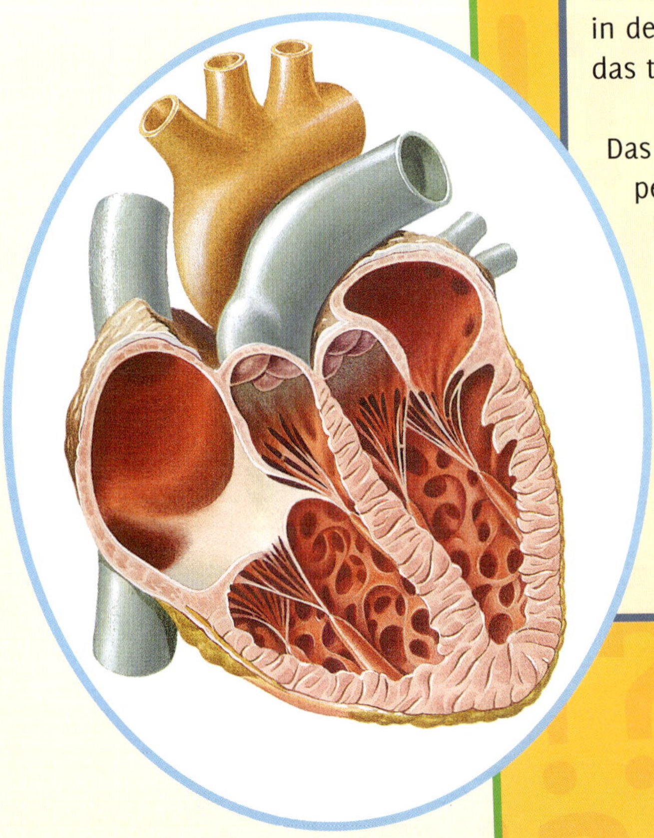

KANN DER MUSKELKATER SCHNURREN?

Nein, das kann er natürlich nicht. Denn keine Sorge, da schleicht sich kein Kater ein. Muskelkater bezeichnet den Schmerz nach zu starkem Muskeltraining, durch das feine Risse in den Muskelfasern entstehen. Durch diese Risse dringt Wasser in den Muskel ein und er schwillt an – das tut weh.

Das Wort Muskelkater hat nichts mit den pelzigen Schmusetieren zu tun, Kater kommt von dem griechischen Wort Katarrh, das bedeutet Entzündung. Es handelt sich also ganz einfach um eine Entzündung im Muskel.

WAS IST BLUT?

Blut ist ein echtes Allround-Genie, besonders im Verteilen wichtiger Stoffe. Es transportiert Sauerstoff in die Zellen und Kohlendioxid wieder zurück zur Lunge. Auch andere wichtige Nährstoffe bringt das Blut an ihre Zielorte und die Abfallstoffe zu den Organen, die sie entsorgen. Sogar Hormone, chemische Botenstoffe, verteilt es an den richtigen Stellen.

Das funktioniert, weil sich Blut aus verschiedenen Bestandteilen aufbaut – aus roten und weißen Blutkörperchen und den Blutplättchen. Während die roten Blutkörperchen Sauerstoff transportieren, sind die weißen Blutkörperchen für die Bekämpfung von Krankheitserregern zuständig.

Die Blutplättchen sorgen wiederum für die Blutgerinnung. Sie lassen also das Blut fest werden, wenn wir uns verletzt haben und es aus einer Wunde tropft.

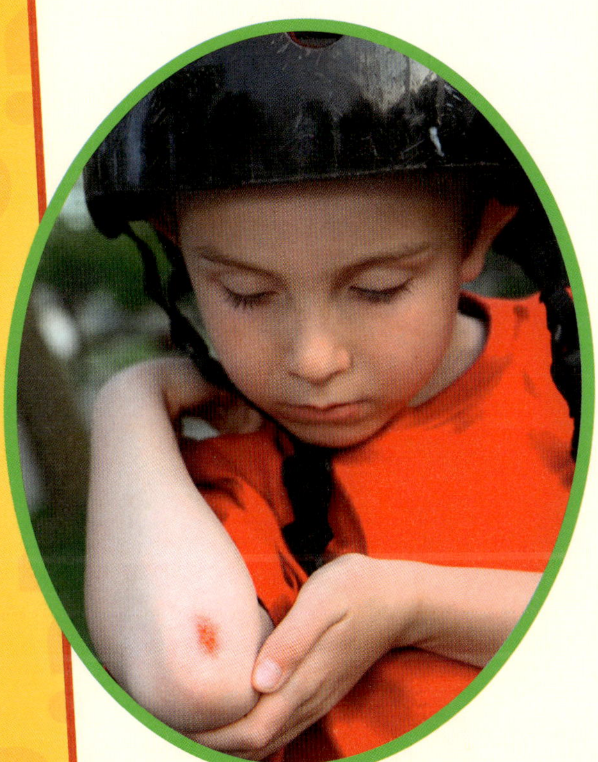

WOHER WEISS DAS BLUT, WOHIN ES FLIESSEN MUSS?

Die Lösung liegt beim Herzen: Das Herz hat zwei Hälften, jede dieser Hälften hat einen Vorhof und eine Herzkammer. Die linke Herzhälfte ist dafür zuständig, das sauerstoffreiche Blut, das von der Lunge kommt, in den Körper zu pumpen. Sogenannte Herzklappen sorgen dafür, dass dieses Blut nicht in das Herz zurückfließt.

Das sauerstoffarme Blut, das aus dem Körper zum Herzen zurückkehrt, fließt in die rechte Herzhälfte. Auch hier gibt es eine Klappe, die das Blut im Herzen hält. Vom Herzen wird das sauerstoffarme Blut zur Lunge transportiert, wo es wieder mit Sauerstoff versorgt wird. Auch viele unserer Adern sind mit solchen Klappen ausgestattet, damit das Blut nicht in die verkehrte Richtung fließt.

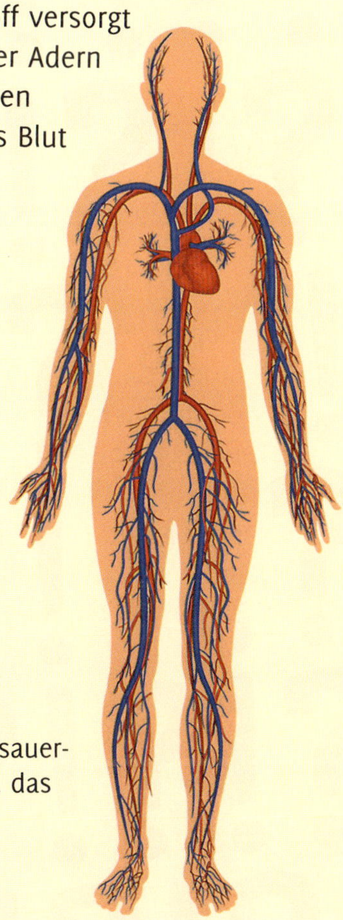

Der Blutkreislauf: Das sauerstoffreiche Blut ist rot, das sauerstoffarme blau.

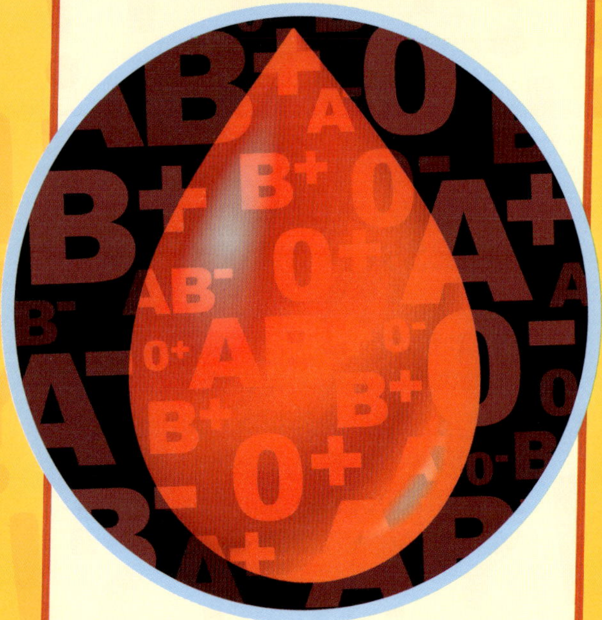

WOZU BRAUCHE ICH EINE BLUTGRUPPE?

Jeder Mensch hat rotes Blut, ja, aber es gibt Unterschiede in den roten Blutkörperchen. Der Aufbau der Oberfläche dieser roten Blutkörperchen macht vier Gruppen unterscheidbar. Das sind die vier Blutgruppen: A, B, AB und 0.

Diese vier Gruppen dürfen nicht vermischt werden, da das Blut sonst verklumpt. Daher ist es wichtig, seine eigene Blutgruppe zu kennen. Bei uns kommen A und 0 am häufigsten vor.

GIBT ES WIRKLICH BLAUES BLUT?

Nein, Blut ist immer rot. Denn die roten Blutkörperchen enthalten den Farbstoff Hämoglobin, der den Sauerstoff bindet und durch den Körper transportiert. Das Besondere ist, dass dieser Farbstoff nur dann rot ist, wenn er Sauerstoff trägt.

Das Blut, das vom Herz in den Körper gepumpt wird, enthält besonders viel Sauerstoff und ist deswegen besonders rot. Je weniger Sauerstoff im Blut enthalten ist, desto schwächer wird das Rot des Blutes. Es erscheint blau.

Bei einigen sehr hellhäutigen Menschen schimmern die Venen, also die Adern, die das Blut aus dem Körper zum Herz transportieren, bläulich durch die Haut hindurch. Bei ihnen könnte man denken, sie hätten blaues Blut.

Dass adelige Menschen blaues Blut haben, ist natürlich Quatsch. Man verwendet den Ausdruck, da helle Haut in Adelskreisen früher ein Schönheitsideal war.

Blut ist immer rot, es erscheint nur manchmal blau.

WOZU ATMEN WIR?

Atmung nennt man den Vorgang, mit dem der Mensch Sauerstoff aufnimmt und Kohlendioxid abgibt. Luft von außen strömt durch Nase oder Mund in die Luftröhre und von dort in die Bronchien unserer Lunge. Dort wird die Luft gereinigt und gelangt anschließend in die Lungenbläschen.

Die sind von kleinsten Blutgefäßen mit extrem dünnen Wänden durchzogen. Hier geben die roten Blutkörperchen Kohlendioxid ab und nehmen Sauerstoff auf. Das nennt man Gasaustausch. Pro Tag atmet ein Erwachsener rund 10.000 Liter Luft ein und aus.

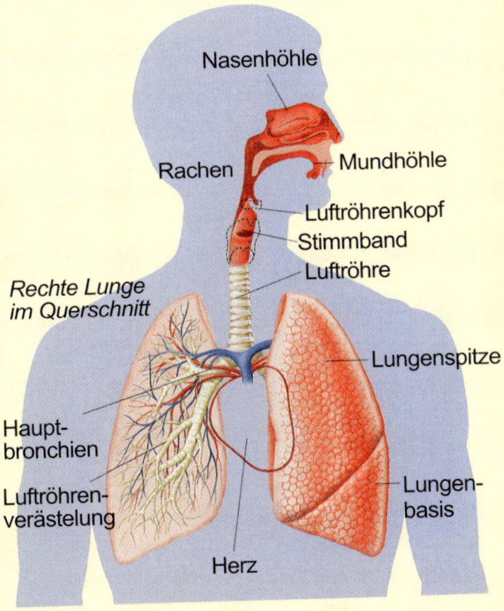

ATMEN WIR AUCH IM SCHLAF?

Ja, wir atmen immer, rund um die Uhr. Das macht unser Körper ganz von allein. Unsere Zellen, besonders unsere Gehirnzellen, brauchen ständig Sauerstoff, den wir nicht speichern können.

Daher muss unsere Lunge das Blut ständig neu mit Sauerstoff versorgen. Auch das Kohlendioxid aus den Zellen muss laufend entsorgt werden.

WIESO TRÄUMEN WIR?

Auf diese Frage hat jede Zeit und Kultur eine eigene Antwort. Der bekannte Psychoanalytiker Sigmund Freud (1856–1939) glaubte, dass wir geheime Wünsche in unseren Träumen spiegeln.

Heute glauben Forscher, dass wir Erlebnisse und Ereignisse des Tages in Träumen verarbeiten, damit das Gehirn am nächsten Tag wieder frisch ist.

Interessant ist, dass wir in der zweiten Nachthälfte fantasievoller träumen. Eine Erklärung wäre, dass dies Training und Ausgleich ist, wenn wir tagsüber bestimmte Bereiche des Gehirns zu wenig benutzt haben.

WIE LANGE BLEIBT DAS ESSEN IN UNSEREM BAUCH?

Eine ausgewogene Mahlzeit braucht durchaus 24 Stunden, bis sie vollständig verdaut ist. Das hängt aber auch davon ab, wie schwer verdaulich die Mahlzeit war. Waren viele fettige Zutaten enthalten, dauert es noch länger, weil der Körper länger damit beschäftigt ist, die Energie aus der Nahrung zu gewinnen.

Die einzelnen Verdauungsorgane brauchen auch unterschiedlich lang: Im Magen bleibt die Nahrung etwa zwei bis drei Stunden, im Dünndarm noch einmal zwei bis vier Stunden. Sehr lange braucht dann der Dickdarm für die Verdauung, da kann es zehn Stunden dauern, aber auch mehrere Tage!

WARUM KNURRT UNS VOR HUNGER DER MAGEN?

Wie unsere Lunge und unser Herz arbeitet auch unser Magen ununterbrochen. Er zieht sich rhythmisch zusammen, um so die Nahrung zu zerkleinern und nach unten zu befördern.

Ist keine Nahrung mehr im Magen vorhanden, ist er nur noch mit Luft gefüllt und diese macht Geräusche, wenn sich der Magen weiter zusammenzieht. Was man dagegen tun kann? Etwas essen!

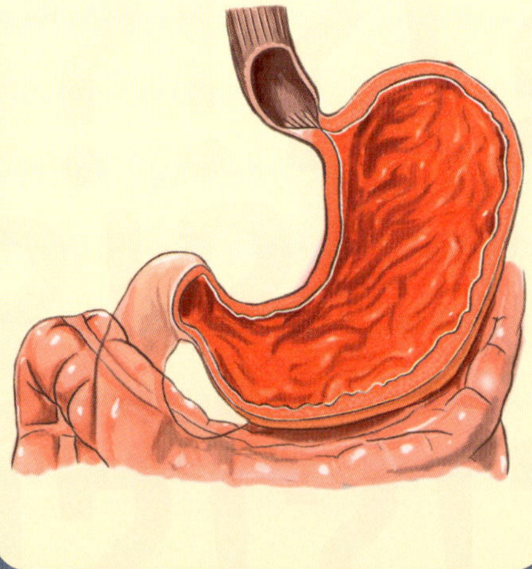

WIESO MÜSSEN WIR MANCHMAL RÜLPSEN?

Mit der Nahrung schlucken wir beim Essen und Trinken auch Luft. Meist entweicht diese auf dem gleichen Weg, wie sie hereinkam, nämlich durch die Speiseröhre und den Mund.

Haben wir viel gegessen und viel Luft geschluckt, öffnet sich der Muskel, der im Mund den Zugang zur Speiseröhre verschließt, und die Luft entweicht. Dabei muss sie aber an einem Hindernis in Hals und Rachen vorbei – dabei entsteht das typische Rülpsgeräusch.

WARUM HABEN HUNGERNDE MENSCHEN EINEN DICKEN BAUCH?

Der Bauch von Kindern und Erwachsenen, die wenig essen, nennt sich Hungerbauch oder Hungerödem. Er ist aufgebläht und sieht dick aus, obwohl dort kein Fett ist.

Wenn kein Eiweiß aufgenommen wird, kann das Wasser im Blut nicht festgehalten werden. Dann tritt es aus und sammelt sich an anderen Orten im Körper, meist in der Bauchhöhle. Die dicken Bäuche sind also voller Wasser.

WARUM STINKEN PUPSE?

Nicht jeder Pups stinkt, denn Pupse bestehen eigentlich aus geruchlosen Stoffen, wie Kohlendioxid oder Methan. Nur nach dem Verzehr von bestimmten Lebensmitteln, bei deren Abbau Stinkgase entstehen, müffeln unsere Pupse etwas. Am schlimmsten riecht Schwefelwasserstoff. Der wird sogar zur Herstellung von Stinkbomben benutzt!

WEG MIT DEM FETT, ODER?

Nein, nicht unbedingt! Fett ist durchaus wichtig für unseren Körper. Es liefert uns die lebensnotwendigen Fettsäuren, die wir brauchen, um Hormone und Zellwände aufzubauen. Auch mit Energie und Vitaminen versorgt uns das Fett. Wie das Wort Fettpolster schon sagt, schützt es unsere Organe zusätzlich vor Verletzungen.

Und weil es ein wichtiger Träger von Aroma- und Geschmacksstoffen ist, schmecken fettige Sachen auch lecker.

Wichtig ist aber, nicht zu viel und das richtige Fett, nämlich die ungesättigten Fettsäuren, zu sich zu nehmen. Die stecken nicht in Pommes und Burger, sondern in gesunden Ölen und Fisch. Zu viel Fett ist nämlich ungesund!

SIND SÜSSIGKEITEN WIRKLICH SCHLECHT FÜR DIE ZÄHNE?

Ja, leider. Wenn du in den Spiegel schaust, siehst du nur die Krone eines Zahns. Der Zahnhals und die Wurzel sind im Kiefer verankert. Außerdem besteht dein Zahn aus mehreren Schichten: Außen ist die härteste Schicht, der Zahnschmelz, darunter liegt das Dentin, eine knochenähnliche Substanz, und den Kern des Zahns nennt man Pulpa, hier liegen die Nerven.

Isst du nun zu viele Süßigkeiten, die viel Zucker enthalten, freuen sich die Bakterien im Mund, die sich von dem Zucker ernähren. Wenn diese dann den Zucker verdauen, entsteht Säure und die greift den Zahnschmelz an.

Durch die Löcher können die Bakterien in deinen Zahn eindringen und Schaden anrichten. Das nennt man Karies. Damit du nicht so viele Bakterien im Mund hast, ist es wichtig, dass du regelmäßig deine Zähne putzt.

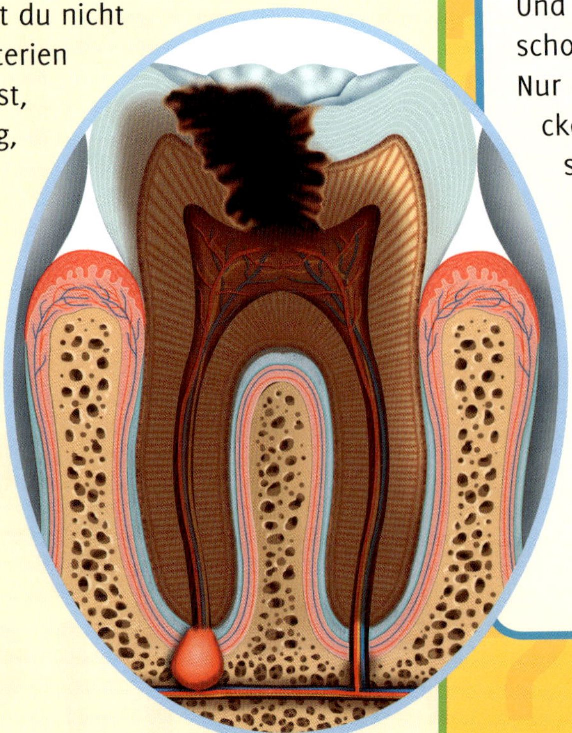

WIE FUNKTIONIERT EIGENTLICH UNSERE ZUNGE?

Was denkst du, was unsere Zunge alles machen muss? Sie sorgt für Ordnung im Mundraum, gerade beim Essen. Außerdem brauchen wir sie, um zu sprechen.

Und natürlich, das wusstest du ja bestimmt schon, sitzen hier die Geschmacksknospen. Nur mit ihnen können wir etwas schmecken. Zwischen 2000 und 5000 davon besitzt ein erwachsener Mensch, Säuglinge haben sogar doppelt so viele.

Übrigens können wir fünf Geschmacksrichtungen unterscheiden: süß, salzig, sauer, bitter und umami – das ist eine Art Fleischgeschmack, der erst vor Kurzem entdeckt wurde. Übrigens ist Schmecken zu 80 Prozent Riechen – erst unsere Nase entscheidet, was uns schmeckt.

WORAUS IST UNSER GEHIRN GEMACHT?

Die Antwort ist: aus Nervenzellen, den sogenannten grauen Zellen. Immerhin aus rund 100 Milliarden Zellen ist unser Gehirn aufgebaut. Diese tauschen Informationen über etwa 100 Billionen Verbindungsstellen aus – das ist wichtig für das Funktionieren unseres ganzen Körpers.

Welche Zelle für welchen Teil unseres Körpers zuständig ist, richtet sich danach, in welchem Teil des Gehirns sie sitzt. Das ist nämlich eingeteilt in Großhirn, Zwischenhirn, Kleinhirn und Stammhirn.

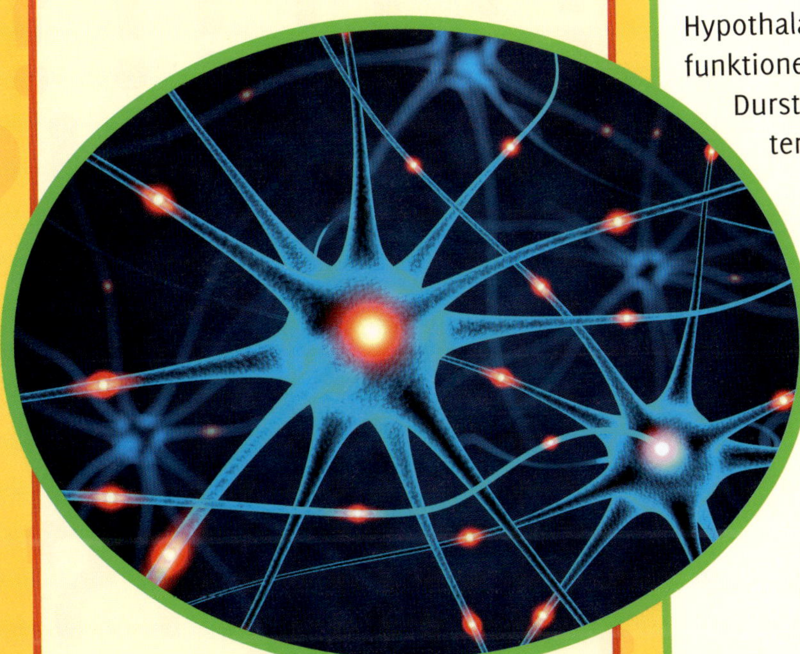

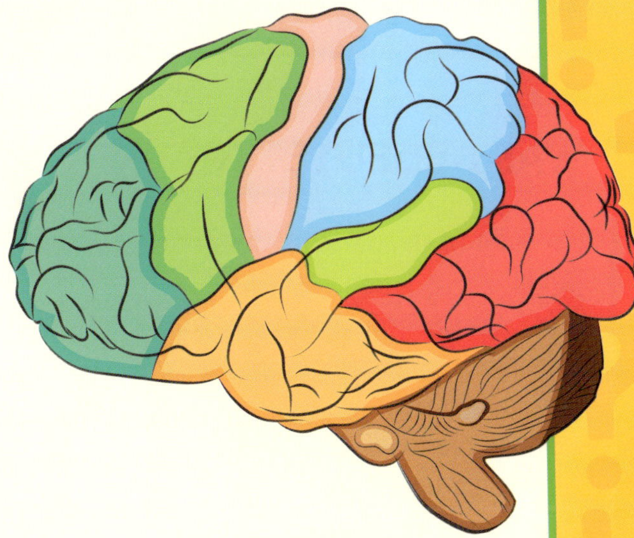

WELCHER TEIL UNSERES GEHIRNS MACHT WAS?

Wie sein Name schon sagt, ist das Großhirn mit 80 Prozent der gesamten Hirnmasse der größte Teil unseres Gehirns. Von hier wird ganz viel gesteuert, zum Beispiel die bewussten Bewegungen oder die Verarbeitung unserer Sinneseindrücke (Augen, Ohren). Aber hier finden auch Denkprozesse statt, Entscheidungen werden getroffen und Erinnerungen gespeichert.

Das Zwischenhirn besteht aus Thalamus und Hypothalamus, diese steuern wichtige Körperfunktionen, zum Beispiel das Hunger- und Durstempfinden oder unsere Körpertemperatur.

Das Kleinhirn steuert den Gleichgewichtssinn und speichert Bewegungsabläufe. Das Stammhirn schließlich ist für Reflexe, unwillkürliche und automatische Abläufe im Körper, zuständig, wie zum Beispiel für das Gähnen, Atmen und den Blutkreislauf.

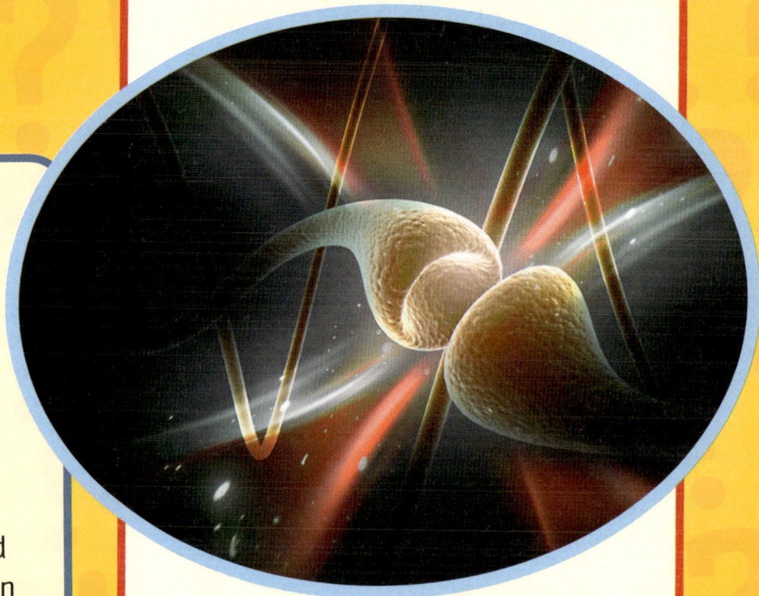

WAS BEDEUTET IQ?

Die zwei Buchstaben IQ stehen für Intelligenz-Quotient. Das ist ein abstrakter Begriff zum Einschätzen der Intelligenz eines Menschen. Vereinfacht gesagt, bezeichnet Intelligenz die Fähigkeit, Probleme und Aufgaben effektiv und schnell zu lösen und sich in ungewohnten Situationen zurechtzufinden.

Dazu gehören unterschiedliche Fertigkeiten, zum Beispiel das Verständnis von Worten und Zahlen, das räumliche Vorstellungsvermögen und das Gedächtnis. In komplizierten Tests kann man die Intelligenz eines Menschen in etwa bestimmen.

Ein Durchschnittsmensch in Deutschland hat einen IQ von 100, ab 130 gilt man als hochbegabt, unter 70 als geistig behindert. Das tatsächliche Leistungsvermögen hängt aber von sehr vielen Faktoren ab, die sich zum Teil nicht messen lassen.

WIE FUNKTIONIEREN NERVEN?

Ohne Nerven könnten wir weder denken noch uns bewegen. Daher ist unser ganzer Körper von ihnen durchzogen. Die Nerven sind unser Postsystem, sie leiten also die Informationen vom Gehirn zur Körperzelle und zurück. Nervenzellen, auch Neuronen genannt, bestehen aus einem Zellkörper und den Zellfortsätzen. Die Zellfortsätze unterscheiden sich in die Dendriten und die Axone.

Dendriten empfangen Signale von anderen Zellen und leiten sie zur Verarbeitung in die Zelle. Axone leiten die Informationen dann zu anderen Zellen, etwa Muskelzellen oder Sinneszellen, weiter, mit denen sie über die Synapsen, die Kontaktstelle von Dendrit und Axon, verbunden sind.

WARUM KÖNNEN WIR UNS SELBST NICHT RIECHEN?

Die Riechzellen unserer Nase können etwa 10.000 Düfte unterscheiden. Erreicht ein bestimmtes Duftstoffmolekül diese Zellen, löst der Duftstoff in der Zelle einen elektrischen Impuls aus, der in das Gehirn geleitet wird.

Allerdings nehmen wir nur die Düfte wahr, die sich von den Gerüchen unterscheiden, von denen wir stets umgeben sind.

Weil wir unseren eigenen Körpergeruch ständig wahrnehmen, bemerken wir ihn nicht mehr. Übrigens gibt es sogenannte nasenblinde Menschen – das sind Menschen, die überhaupt nicht riechen können.

REICHT AUCH EIN OHR ZUM HÖREN?

Probiere es selbst aus! Stelle dich so in eine Ecke des Zimmers, dass du mit dem Gesicht zu einer Wand stehst und mit einem Ohr zur anderen. Bitte eine andere Person, sich seitlich von dir hinzustellen und zu klatschen. Na, erkennst du, aus welcher Richtung das Geräusch kommt? Ganz schön schwer, oder?

Wir brauchen also beide Ohren, um gut hören zu können. Die Schallwellen erreichen unsere Ohren unterschiedlich früh beziehungsweise spät, weil ein Ohr nach rechts ausgerichtet ist und das andere nach links. Aus diesem Unterschied ermittelt unser Gehirn, wie weit eine Geräuschquelle entfernt ist.

Auch die Qualität des Gehörten wird besser, weil zum Beispiel Gesprochenes besser von Hintergrundgeräuschen getrennt werden kann.

WIESO IST DIE HAUT BEI EINIGEN HELL UND BEI ANDEREN DUNKEL?

Die Hautfarbe wird von den Eltern vererbt und wurde ursprünglich durch die Anpassung an die Sonnenintensität verursacht. Menschen, die in Afrika leben, wo die Sonne sehr stark und viel scheint, sind dunkelhäutig, weil sie viel von dem Farbpigment Melanin in der Haut haben.

Dieses Melanin schützt vor Schäden durch Sonnenstrahlen. In Gegenden mit weniger Sonnenstunden und geringerer Gefahr, durch diese geschädigt zu werden, brauchen die Menschen weniger Melanin. Ihre Haut ist also heller.

WARUM HAT MEINE OMA FALTEN?

Mit deiner Oma altert auch ihre Haut. Und je älter die Haut wird, desto schwerer kann sie Feuchtigkeit speichern. Sie trocknet also aus und ist nicht mehr so elastisch. Dadurch entstehen Falten – das beginnt übrigens schon mit 25 Jahren!

Die Falten werden immer tiefer, je älter man wird. Sie können aber auch entstehen, indem bestimmte Gesichtsmuskeln besonders beansprucht werden, zum Beispiel durch Stirnrunzeln oder aber wenn man sehr viel lacht. Diese Lachfalten sind ausdrucksstark und sympathisch.

WARUM SIND NARBEN GANZ ANDERS ALS DIE RESTLICHE HAUT?

Bei der Heilung von Verletzungen wächst neue Haut über die alte. Sie steht dann hervor und hat eine rötliche Farbe. Mit der Zeit sinkt diese Haut aber ein und verblasst.

Da in Narben kein Hautfarbstoff enthalten ist, bleiben Narben immer weiß und auch haarlos. Etwas härter als die umliegende Haut sind Narben, weil die Fasern hier weniger elastisch sind.

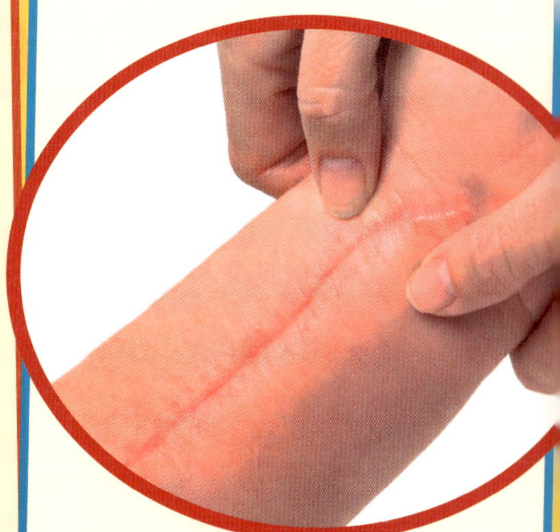

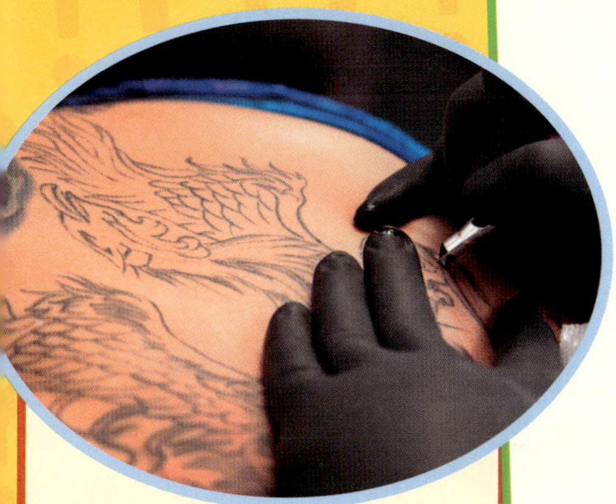

WIE BLEIBT DIE TINTE BEI TÄTOWIERUNGEN UNTER DER HAUT?

Tätowierungen gibt es schon seit Jahrtausenden, sogar Ötzi war tätowiert! Früher wurden sie als medizinische Maßnahme, Stammesritus oder zur Kennzeichnung eingesetzt. Heute werden sie hauptsächlich als Körperschmuck getragen, vor allem in Europa und Nordamerika.

Damit das Bild langfristig auf der Haut hält, bringt der Tätowierer mit einer oder mehreren Nadeln Tinte in die zweite Hautschicht und malt dabei das Bild oder schreibt den Text. Die mittlere Hautschicht ist der richtige Ort, weil hier weder das Bild abgewaschen werden kann noch Blutungen in der Haut das Bild ausbleichen.

KÖNNEN WIR IM WASSER SCHWITZEN?

Seltsame Frage, denkst du? Dann wird dich die Antwort überraschen. Ja, wir schwitzen auch im Wasser. Bei langem, schnellem Schwimmen verbrennen wir viel Energie und erzeugen dabei Wärme.

An Land geben wir diese durch Schwitzen an die Luft ab und im Wasser an das Wasser. Da Wasser Wärme besser leitet, merken wir nur nicht, dass wir schwitzen! Zum Beweis: Leistungsschwimmer verlieren pro Stunde etwa ein Glas voll Schweiß.

WARUM SIND MANCHE HAARE GLATT UND ANDERE LOCKIG?

Ob deine Haare glatt, wellig oder sogar lockig sind, richtet sich nach der Haarform, also nach deren Querschnitt. Ist der Querschnitt rund, ist das Haar glatt. Je ovaler der Haarquerschnitt wird, desto lockiger ist das Haar. Das kannst du gut mit einem platten Geschenkband vergleichen – das kräuselt sich auch besser als eine runde Wollschnur.

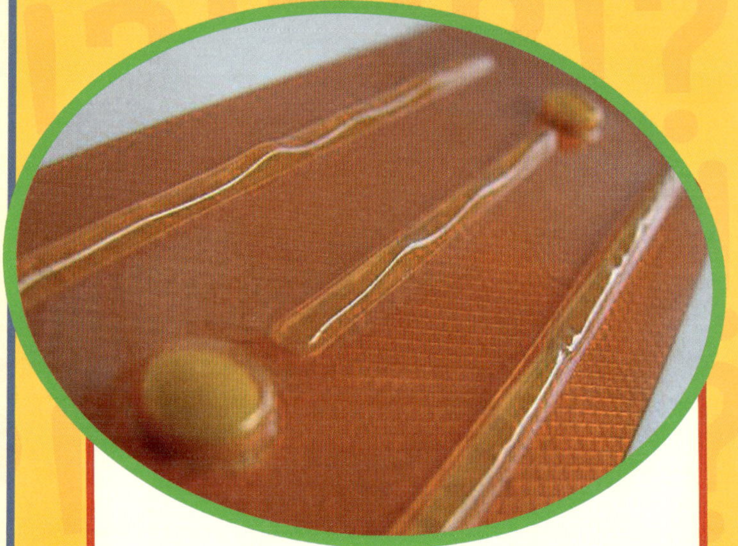

WOZU SIND GENE GUT?

Gene sind nicht nur gut, sondern sehr wichtig. Sie legen nämlich fest, wie sich bei uns einzelne Merkmale ausbilden, also wie groß wir werden, welche Haar- und Augenfarbe wir bekommen – und ob wir überhaupt ein Mensch werden, denn auch Frösche und Elefanten haben Gene.

Ein Mensch besitzt rund 35.000 Gene, auf denen alles über ihn gespeichert ist. Diese Gene schwirren nicht einfach in unserem Körper herum, sondern sitzen auf dem DNA-Strang. Dieser Strang ist unterteilt in sogenannte Chromosomen.

Auf jedem Chromosom sitzen unterschiedliche Informationen. Insgesamt haben wir 46 Chromosomen. Sie sind eingeteilt in 23 Chromosomenpaare, die im Kern einer Zelle gespeichert sind. Ganz allgemein nennt man das unser Erbgut. Denn diese Informationen über unsere Merkmale werden von den Eltern an die Kinder weitergegeben.

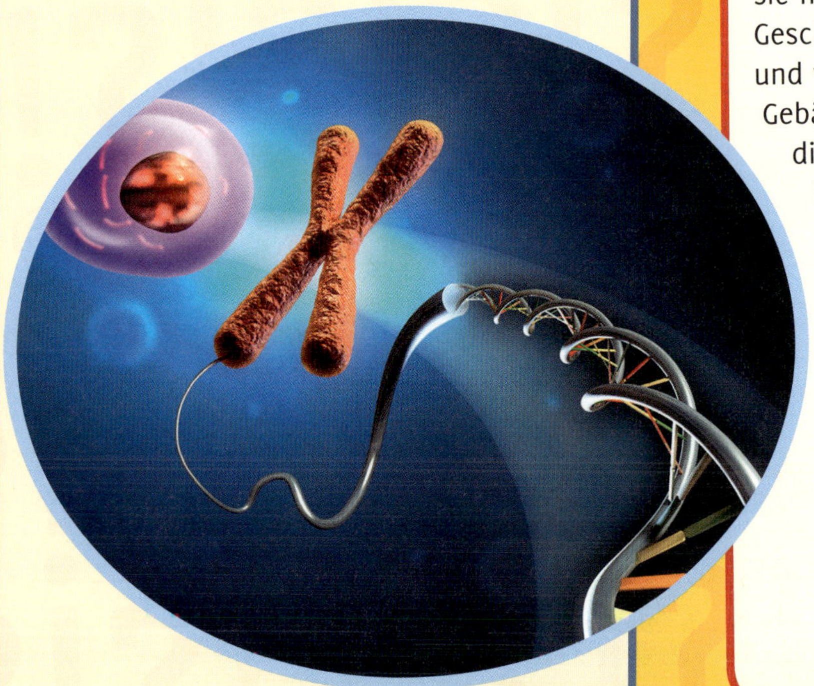

WAS IST DIE „PILLE DANACH"?

Auch wenn man kein Baby möchte, kann man Sex haben. Dafür gibt es viele sogenannte Verhütungsmittel – das sind verschiedene Möglichkeiten, eine Schwangerschaft zu verhindern. Von Kondomen und der Pille hast du bestimmt schon einmal gehört, aber es gibt noch viele andere. Schwierig wird es, wenn man vor dem Sex das Verhütungsmittel vergisst. Dann bleibt nur ein Mittel – die „Pille danach".

Sie muss spätestens 72 Stunden nach dem Geschlechtsverkehr eingenommen werden und verhindert, dass sich die Eizelle in die Gebärmutter einnistet. Wichtig ist, dass dieses Medikament nur eine Notlösung ist und kein richtiges Verhütungsmittel. Es muss daher in vielen Ländern vom Arzt verschrieben werden.

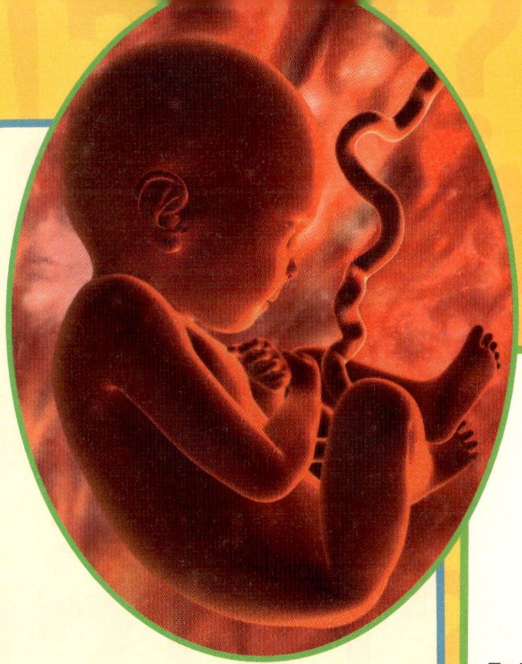

ATMEN BABYS IM MUTTERLEIB?

Theoretisch könnte ein Fötus mit seiner Lunge schon Atembewegungen ausführen. Aber da er im Mutterleib von Wasser und nicht von Luft umgeben ist, atmet er nicht. Außerdem ist die Lunge des Fötus selbst mit einer Flüssigkeit gefüllt.

Woher die Luft für das Baby dann kommt, fragst du nun? Ganz einfach, wie alles andere auch: von der Mutter. Das Baby wird im Bauch der Mutter komplett über die Nabelschnur versorgt, auch mit Sauerstoff. Atmet die Mutter, kommt Blut mit Sauerstoff bei dem Fötus an.

WARUM LUTSCHEN BABYS AM DAUMEN?

Kennst du den Begriff Säugling? So nennt man Babys auch, weil sie so viel saugen, an ihrem Daumen oder an der Brust der Mutter. Denn das Saugen ist ein Reflex bei Babys, er sichert ihr Überleben. Indem sie an der Brust oder an der Flasche saugen, werden sie satt. Und damit das richtig funktioniert, trainieren manche Babys das sogar schon im Mutterleib. Am Daumen zu saugen, sättigt natürlich nicht, aber es tröstet und beruhigt.

WAS IST EIGENTLICH MIT PUBERTÄT GEMEINT?

Bei einem gesunden Kind beginnt ab acht oder neun Jahren der Hypothalamus, das ist ein Bereich im Zwischenhirn, die Hormone auszuschütten, die die Pubertät einleiten. Daraufhin produziert der Körper verstärkt Geschlechtshormone. Bei Mädchen und Frauen hauptsächlich Östrogene, bei Jungen und Männern hauptsächlich Androgene.

Diese bewirken, dass sich die Geschlechtsmerkmale von Männern und Frauen ausbilden, besonders die Geschlechtsorgane. Jungen wachsen nun mehr, bilden mehr Muskeln aus und auch die Körperbehaarung nimmt zu. Bei Mädchen beginnt die Brust zu wachsen und die Menstruation setzt ein.

WARUM KÜSSEN SICH MENSCHEN?

Endgültig geklärt ist die Frage noch nicht, aber verschiedene Vorschläge gibt es. Einer lautet, dass der Ursprung des Kusses bei den Menschenaffen liegt, bei denen die Mutter vorgekautes Essen mit ihrem Mund in den Mund ihres Kindes weitergibt. Dabei berühren sich die Lippen. So war es wohl auch bei unseren ganz frühen Vorfahren.

Eine andere Idee ist, dass sich die Menschen auf diese Art kennenlernen, denn im Mundbereich kommen der Geruchs-, Geschmacks- und Tastsinn zusammen. So finden sie heraus, ob sie zusammenpassen. Das passiert aber alles unbewusst.

WO KOMMEN GEFÜHLE HER?

Zwischen zornig und wie auf Wolken schwebend – unsere Gefühlsskala ist ziemlich breit. Doch wo kommt das her? Biologen erklären Emotionen – so nennt man Gefühle auch – als komplizierte Verhaltensmuster, die sich im Laufe der menschlichen Entwicklung herausgebildet haben.

Sie helfen uns dabei, uns im Alltag zurechtzufinden und wirken als Bewertungssystem. Dabei ist es aber immer an unsere Erfahrungen gebunden. Erst wenn wir Trauer einmal selbst erlebt haben, wissen wir, was genau das ist.

Jede Emotion ist auch an eine körperliche Reaktion gebunden. Wenn wir fröhlich sind, lachen wir, wenn wir traurig sind, weinen wir. Nur daran können wir überhaupt die Gefühle anderer Menschen erkennen.

WAS PASSIERT IN UNSEREM KÖRPER, WENN WIR STRESS HABEN?

Stress ist eine ziemlich neue Erscheinung in der Gesellschaft. Das Wort gibt es erst seit den 1930er-Jahren. Eigentlich bedeutet Stress, dass der Körper in Alarmbereitschaft geht: Das Herz schlägt schneller, wir schwitzen und spüren keinen Hunger mehr.

Problematisch ist es dann, wenn dieser Zustand lange anhält und es keine Möglichkeit gibt, den inneren Druck wieder abzubauen. Dann wird der Körper krank und auch die Psyche. Es kann zu Magengeschwüren, Herzinfarkten oder Burnout kommen.

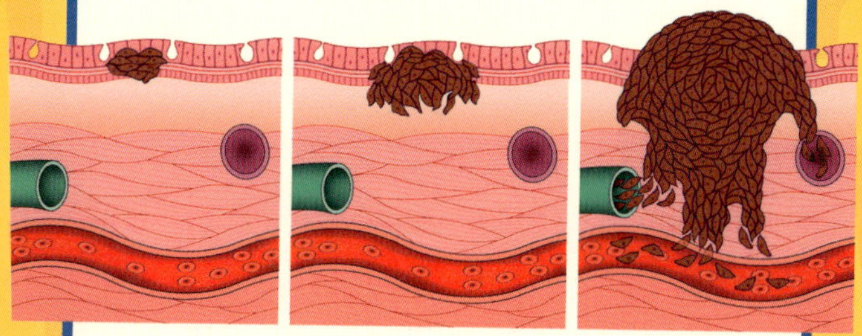

WAS IST KREBS?

Die Aufgabe und Lebensdauer jeder Körperzelle ist genau festgelegt. Es kommt aber vor, dass einige Zellen plötzlich unkontrolliert wachsen. Dann entsteht eine Geschwulst, die oft Tumor genannt wird.

Einige Tumorarten verdrängen das umliegende Gewebe. Das sind gutartige Tumore. Andere dringen in das Gewebe ein und zerstören es, dann spricht man von bösartigen Tumoren oder auch von Krebs.

Dass einige Zellen sich mal verändern und nicht mehr das tun, was sie sollen, ist eigentlich nicht schlimm, dafür haben wir unser Immunsystem, das diese erkennt und bekämpft. Wenn das aber gestört ist, können die Krebszellen ungestört wachsen. Je später sie entdeckt werden, desto schwerer ist es, sie zu bekämpfen.

WAS IST DER URKNALL?

Bestimmt hast du schon einmal das Wort Urknall gehört. Aber weißt du auch, was genau da geknallt hat und warum? Nach Meinung vieler Wissenschaftler ist durch den Urknall unser Universum entstanden. Er bezeichnet aber gar keine Explosion, sondern den gemeinsamen Beginn von Materie, Raum und Zeit.

Man geht davon aus, dass das Universum vor etwa 13,7 Milliarden Jahren nur aus einer stecknadelkopfgroßen Energiedichte bestand. Plötzlich breitete sich diese Energie überall gleichzeitig aus. Es entstand eine große Menge heißer, undurchsichtiger Brei, der etwa 400.000 Jahre brauchte, um abzukühlen.

Aus den Urelementen Wasserstoff und Helium entstanden dann nach etwa einer Milliarde Jahren die ersten Sterne.

BESTEHT DIE MILCHSTRASSE AUS MILCH?

Die Milchstraße ist ein funkelndes Band aus Sternen, das du mit etwas Glück im Spätsommer am Himmel beobachten kannst. Von der Erde aus scheint dieses Sternenband wie mit einem milchigen Pinselstrich gemalt zu sein, daher hat die Milchstraße ihren Namen.

1609 beobachtete Galileo Galilei (1564–1642) als Erster die Milchstraße durch ein Fernrohr und entdeckte, dass sie in Wirklichkeit aus Milliarden von Sternen besteht. Mit Milch hat das Ganze nichts zu tun.

SEIT WANN WISSEN WIR, DASS DIE ERDE EINE KUGEL IST?

Früher glaubten die Menschen, die Erde sei eine Scheibe. Der griechische Gelehrte Aristoteles (384–322 vor Christus) hatte schon früh Zweifel daran. Er beobachtete, dass man bei allen Schiffen, die in den Hafen einfuhren, erst die Mastspitze sah, bevor nach und nach das ganze Schiff auftauchte. Wie konnte das bei einer flachen Erde sein?

Einen wirklichen Beweis konnte erst der portugiesische Seefahrer Ferdinand Magellan (1480–1521) liefern: Ihm und seiner Mannschaft gelang 1519–1522 die erste Weltumsegelung. Magellan starb unterwegs, aber seine Mannschaft setzte die Reise 1521 fort.

Wäre die Erde tatsächlich eine Scheibe, wären die Schiffe von Magellan über den Rand der Scheibe gepurzelt und nicht wieder zu Hause angekommen.

WOHER WISSEN WIR, DASS SICH DIE ERDE DREHT?

Vielleicht hast du schon einmal von Nikolaus Kopernikus (1473–1543) gehört? Zu Kopernikus' Zeit gingen die Menschen davon aus, dass die Erde der Mittelpunkt des gesamten Weltalls sei und sich alle Sterne sowie die Sonne um die Erde drehen.

Da Kopernikus sich für Astronomie interessierte, machte er seine eigenen Himmelsbeobachtungen. Er stellte fest, dass sich die Erde zum einen um sich selbst und zum anderen um die Sonne dreht.

Da er Angst hatte, die Leute könnten ihn für verrückt halten, traute er sich, bis er 70 Jahre alt war, nicht, von seinen Beobachtungen zu berichten. Bis sich seine Erkenntnisse durchsetzten, vergingen allerdings noch einmal 150 Jahre.

WIE ENTSTEHEN STERNSCHNUPPEN?

Mit etwas Glück kannst du manchmal in klaren Sommernächten eine Sternschnuppe sehen. Das sieht ein bisschen so aus, als fiele ein Stern vom Himmel.

Wenn ein Komet, also ein Stern mit einem Schweif, um die Sonne kreist, hinterlässt sein Schweif Spuren aus Staub und Gestein. Da die Erde sich ebenfalls um die Sonne dreht, kreuzt sie manchmal solche Schweifspuren von Kometen.

Wenn die Schweifrückstände dabei in die Erdatmosphäre, also in die Lufthülle unserer Erde, eintreten, verglühen sie und erscheinen für uns als Sternschnuppe am Himmel.

Die meisten Sternschnuppen kannst du übrigens im August beobachten, da unsere Erde dann durch einen Abschnitt des Sonnensystems kreist, in dem besonders viele Staub- und Steinbröckchen schweben.

WAS SIND POLARLICHTER?

In den Polargebieten unserer Erde kann man besonders im Winter am Nachthimmel ein wunderschönes buntes Leuchten beobachten. Die sogenannten Polarlichter oder auch Nordlichter strahlen in Grün, Gelb oder Rot.

Ursache für das bunte Leuchten sind Gasexplosionen auf der Sonne. Die dabei herausgeschleuderten Teilchen sausen als Sonnenwinde durchs All. Treffen sie auf das Magnetfeld unserer Erde, rasen sie durch die magnetische Anziehungskraft auf die Pole zu. Dort prallen sie in 400 bis 80 Kilometern Höhe in voller Geschwindigkeit auf die Luftteilchen und bringen diese so zum Leuchten.

WARUM FALLEN SONNE UND MOND NICHT VOM HIMMEL?

Im Weltraum kreisen alle Planeten und Sterne umeinander herum. Wer aber sorgt dafür, dass nicht alles im All durcheinanderpurzelt? Hierfür sind zwei ganz besondere Kräfte verantwortlich: die Anziehungskraft und die Fliehkraft.

Alle Planeten ziehen sich gegenseitig an – wie stark, hängt von ihrer Größe, ihrem Gewicht und ihrer Entfernung zueinander ab. Die schwere, große Sonne zieht zum Beispiel unsere Erde an, die Erde wiederum zieht den kleineren Mond an.

Die Fliehkraft wirkt der Anziehungskraft entgegen. Du kennst die Fliehkraft sicher aus dem Kettenkarussell. Wie du in deinem Sitz, wird auch die Erde im Weltraum-Karussell von der Sonne weggedrückt und der Mond von der Erde.

Diese zwei Kräfte aller Himmelskörper sind so aufeinander abgestimmt, dass sich alle in einer festen Bahn umkreisen. So bleibt jeder an seinem Platz.

SEIT WANN KÖNNEN ASTRONAUTEN INS ALL FLIEGEN?

Nach Ende des Zweiten Weltkriegs entstand zwischen den USA und der ehemaligen Sowjetunion ein Wettkampf, wer als Erster ins All fliegen könnte.

Zunächst verloren die USA das Rennen, denn am 12. April 1961 umkreiste der sowjetische Astronaut Juri Gagarin (1934–1968) in der Raumkapsel Wostok 1 als erster Mensch die Erde. Insgesamt war er 108 Minuten unterwegs.

Acht Jahre später konnten die USA aber auftrumpfen. Denn am 21. Juli 1969 betrat der amerikanische Astronaut Neil Armstrong (1930–2012) als erster Mensch den Mond.

WARUM PURZELN WIR NICHT VON DER ERDE RUNTER?

Wie kann das sein – die Erde ist eine Kugel und trotzdem fällt niemand runter? Ganz einfach: Es gibt eine besondere Kraft auf der Erde, die dafür sorgt, dass wir nicht ins All hineinfallen: die Schwerkraft. Jeder Körper mit Masse, also Gewicht, zieht andere Dinge an.

Die Erde hat eine sehr große Masse und daher eine riesige Anziehungskraft. Sie zieht alles, was sich in ihrer Nähe befindet, zu sich hin. Deshalb können wir auch nicht höher als ein bis zwei Meter in die Luft springen und fallen zum Glück auch nicht von der Erde runter.

WIE LANGE DAUERT EIN LICHTJAHR?

Man könnte meinen, ein Lichtjahr sei ein Zeitraum, doch das stimmt nicht. Ein Lichtjahr gibt die Strecke an, die das Licht im luftleeren Raum innerhalb eines Jahres zurücklegt.

Eigentlich bekommen wir gar nicht mit, dass Licht überhaupt Zeit braucht. Es ist also wahnsinnig schnell! Pro Jahr kann es eine Strecke von 9,5 Billionen Kilometer zurücklegen. Kannst du dir das vorstellen? Dieses Längenmaß wurde erfunden, weil die Entfernungen im All so riesig sind.

SCHLAFEN DIE STERNE AM TAG?

Nein, die Sterne sind am Tag genau dort, wo sie auch in der Nacht sind. Die meisten Sterne sind ferne Sonnen. Am Tag können wir sie nur deswegen nicht sehen, weil unsere Sonne viel heller scheint als die anderen.

Sobald die Sonne nachts aber untergeht, kannst du viele funkelnde Sterne am Himmel beobachten. Je dunkler es wird, umso mehr Sterne werden sichtbar.

UND WAS MACHT DER MOND AM TAG?

Genau wie Sonne und Sterne ist auch der Mond ständig da, Tag und Nacht, nur können wir ihn nicht sehen. Der Mond ist aber kein Stern, er kann daher nicht von allein leuchten. Wir sehen ihn nur, wenn er von der Sonne angestrahlt wird. Vor sehr hellem Hintergrund, wie dem Himmel bei Tag, hebt sich der Mond nicht ab, sodass wir ihn tagsüber gar nicht oder manchmal nur ganz schwach erkennen können.

Wenn bei uns Nacht ist, ist es dunkel, da die Sonne sich unter dem Horizont befindet und wir sie nicht mehr sehen können. Den Mond strahlt sie aber trotzdem noch an und weil der Mond sich vor dem dunklen Nachthimmel nun deutlicher abhebt, können wir ihn leuchten sehen.

WAS MACHT DIE SONNE IN DER NACHT?

Unsere Erde dreht sich innerhalb eines 24 Stunden langen Tages einmal um sich selbst. Daher ist immer nur eine Seite der Erde der Sonne zugewandt. Dort ist dann Tag, auf der sonnenabgewandten Seite ist Nacht.

Die Sonne bleibt also auch in der Nacht dort, wo sie am Tag ist, nur wir haben ihr sozusagen den Rücken zugedreht und können sie daher nicht sehen.

Du kannst dazu auch selbst ein Experiment machen. Nimm dir einen Ball und halte ihn vor eine Lampe. Der Ball ist dabei die Erde und die Lampe ist die Sonne. Drehst du den Ball nun, wandert das Licht über den Ball – das sind Tag und Nacht.

WIE KAM DAS WASSER AUF DIE ERDE?

Bei ihrer Entstehung vor mehr als 4,5 Millionen Jahren bestand die Erde aus heißem, flüssigem Gestein. Über Jahrmillionen hinweg wurde die Erde immer kühler und das flüssige Gestein erstarrte zu einer festen Kruste. Die bereits festen Gesteinsschichten sanken dabei in die noch flüssigen und es entstanden riesige Krater, die späteren Tiefseebecken.

Während die Erde stetig abkühlte, stieg Wasserdampf auf und bildete eine dicke Wolkenschicht. Aus dieser Wolkenschicht begann es, viele Tausend Jahre lang ununterbrochen zu regnen. Das Wasser verdampfte auf dem noch heißen Gestein, stieg als Wasserdampf nach oben und kam von dort als Regen wieder herunter.

Als die Temperatur auf der Erde weiter sank, sammelte sich das Regenwasser in den Tiefseebecken und so kam das Wasser auf die Erde.

WARUM IST WASSER NASS?

Überraschung: Wasser ist gar nicht nass! Nur die Dinge, nachdem sie von Wasser berührt wurden: zum Beispiel Haut und Haare nach dem Duschen, die Straße nach dem Regen, das Handtuch nach dem Abtrocknen.

Typisch für Wasser sind genau drei Merkmale: Es ist beweglich, es kühlt, weil es verdunstet, und es haftet an Oberflächen, mit denen es in Berührung kommt. Und diese drei Merkmale zusammen ergeben Nässe. Jedes Merkmal für sich allein würde nicht das Gefühl von Nässe hervorrufen. Oder würdest du zum Beispiel bei Marmelade, die an einer Oberfläche kleben bleibt, kühlendem Wind oder Zucker, der sich in einer Schüssel bewegt, an Nässe denken?

WARUM IST ES IM SOMMER LÄNGER HELL ALS IM WINTER?

Ist dir schon aufgefallen, dass es im Winter früher dunkel wird als im Sommer? Kennst du den Grund? Wie du schon weißt, dreht sich die Erde innerhalb eines Jahres einmal um die Sonne.

Während der Zeit, in der die Nordhalbkugel der Sonne zugeneigt ist, bekommt sie länger die Strahlen der Sonne ab als die Südhalbkugel, die währenddessen der Sonne abgeneigt ist. Die Tage auf der Nordhalbkugel sind dadurch länger: Es ist Sommer.

In der gleichen Zeit ist auf der Südhalbkugel Winter. Sie ist dann von der Sonne abgewendet. Dadurch bekommt sie weniger Sonne ab und die Tage sind kürzer.

Im Winter kannst du nicht so lange draußen spielen, da die Tage kürzer sind.

WER MACHT DIE JAHRESZEITEN?

Ganz einfach: wieder die Sonne! Da unsere Erde leicht schräg gestellt ist, können die Sonnenstrahlen nicht das ganze Jahr über gleichmäßig auf alle Stellen scheinen. Außerdem dreht die Erde sich um sich selbst und um die Sonne herum, sodass die Sonnenstrahlen im Jahresverlauf immer etwas anders auf der Erde auftreffen.

Wenn bei uns auf der Nordhalbkugel Winter ist, befinden wir uns gerade auf der sonnenabgewandten Seite. Dadurch ist es kälter. Im Sommer dagegen ist die Nordhalbkugel der Sonne zugewandt und bekommt mehr Licht und Wärme ab.

WIE ENTSTEHT DAS WETTER?

Im Grunde kannst du das Wetter mit einer riesigen Maschine vergleichen, die nichts anderes tut, als Wärme und Kälte miteinander zu vermischen. Und das geht so: Die Sonne erwärmt die Erdoberfläche unterschiedlich stark. Land heizt sich zum Beispiel schneller auf und kühlt schneller wieder ab als die großen Meere.

Dazu kommt der unterschiedliche Einstrahlungswinkel der Sonne auf die Erde. Am Äquator, das ist der „Gürtel“ der Erde, ist es zum Beispiel viel wärmer als am Nord- oder Südpol.

Da warme Luft leichter ist als kalte Luft, steigt sie nach oben. Die schwerere kalte Luft strömt nach. So entstehen Hoch- und Tiefdruckgebiete, in denen dann unterschiedliches Wetter herrscht. Zum Beispiel bescheren uns im Sommer die Hochdruckgebiete viel Wärme und Sonne. Da die Luft aber ständig in Bewegung ist, verändern sich auch die Hoch- und Tiefdruckgebiete und mit ihnen das Wetter.

WARUM SIND DIE WOLKEN WEISS?

Der Himmel ist blau, aber die Wolken sind weiß. Dabei sind doch die Regentröpfchen, aus denen Wolken bestehen, eigentlich farblos. Wieso sind Wolken dann also nicht durchsichtig?

Das Sonnenlicht besteht aus verschiedenen Farben, die von den winzigen Wassertröpfchen der Wolken gleichmäßig reflektiert werden. Für uns sehen die Farben des reflektierten Lichts zusammen genommen weißlich aus und daher erscheinen uns auch die Wolken weiß.

Je mehr Wassertröpfchen in einer Wolke sind, umso schwerer hat es das Sonnenlicht durchzuscheinen und die Wolke sieht dunkler aus. Dicke graue Regenwolken hast du bestimmt schon oft gesehen.

WER MACHT DEN REGEN?

Ständig steigt Wasser als feiner Wasserdampf in die Luft. Wenn diese von der Sonne erwärmt wird, steigt sie mit dem Wasserdampf nach oben. In den oberen Luftschichten ist es aber viel kühler, sodass aus dem Wasserdampf wieder winzige Wassertröpfchen werden.

Diese sammeln sich zu Wolken und verschmelzen miteinander. Wenn sich etwa 100 Wassertröpfchen vereint haben, sind sie so schwer, dass sie auf die Erde fallen: Es regnet.

IST SCHNEE GEFRORENER REGEN?

Schnee ist eine weitere Form von Niederschlag. Er entsteht aber auf etwas andere Art und nur, wenn es ganz kalt ist. Unter –12 Grad Celsius muss es sein, damit sich in den oberen Wolkenschichten Eiskristalle bilden.

Etwa 100 Eiskristalle verbinden sich zu einer Schneeflocke. Irgendwann werden die so schwer, dass sie zu Boden fallen. Sie kommen aber nur als Schneeflocken bei uns an, wenn die Luft überall unter 0 Grad Celsius kalt ist.

WER MACHT DIE GEWITTER?

Gewitter entstehen in den Gewitterwolken, die auch Cumulonimbusse genannt werden. Die reichen sehr weit hinauf und sind voller Wasser. Innerhalb der Wolken steigt warme Luft von unten auf, während gleichzeitig kalte Luft von oben hinunter sinkt. So entsteht ein kräftiger Wirbel von Auf- und Abwinden.

Die in den Winden enthaltenen Wasserteilchen reiben dabei aneinander und laden sich elektrisch auf. Die Spannung entlädt sich dann in Blitzen. Hierbei wird die Luft so stark erhitzt, dass sie sich rasend schnell ausdehnt. Dabei durchstößt sie die Schallmauer und es knallt. Das ist der Donner.

IST LUFT WIRKLICH DA?

Luft kann man nicht sehen und auch nicht anfassen, woher wissen wir dann also, dass sie wirklich da ist?

Wir können Luft deshalb nicht sehen, weil sie nicht fest oder flüssig ist. Sie besteht aus verschiedenen Gasen und die bestehen aus ganz vielen winzigen Teilchen – so winzig, dass wir sie nicht sehen können. Du findest die Gase Stickstoff, Sauerstoff, Argon und Kohlendioxid in der Luft, außerdem noch Wasserdampf.

WO KOMMT DER WIND HER?

Auch der Wind hängt mit der Sonne zusammen. Wenn sie scheint, wird die Luft über dem Land schneller warm als über dem Meer. Warme Luft ist leichter als kalte, dadurch steigt sie nach oben und die kalte nach unten. Die Luftbewegung, die dadurch entsteht, nehmen wir als Wind wahr.

Warme Luft und kalte Luft haben nicht den gleichen Druck, daher gibt es Hoch- und Tiefdruckgebiete. Die Luft strömt in einem ständigen Kreislauf von Hochdruck- in Tiefdruckgebiet, wodurch ständig Wind weht.

WIE KANN MAN AUS WIND ENERGIE MACHEN?

Sicher hast du schon einmal ein Windrad gesehen. Aber wie genau machen diese riesigen Windmühlen aus Wind Strom? Der Wind setzt die Rotoren, das sind die Flügel eines Windrades, in Bewegung.

Dadurch wird ein Generator betrieben, der mit den Rotoren verbunden ist. Einen Generator kannst du dir vorstellen wie den Dynamo an deinem Fahrrad, nur eben viel größer.

Die Bewegung dieses Generators erzeugt Strom, der dann über Kabel und Stromleitungen bis zu dir nach Hause in die Steckdose kommt.

UND WIE FUNKTIONIEREN SOLARANLAGEN?

Es gibt verschiedene Arten von Solaranlagen: Zum einen gibt es thermische Solaranlagen, die Wärmeenergie in geringer Menge liefern. Diese großen, rechteckigen, dunklen Flächen siehst du oft auf Dächern. Man nennt sie Solarzellen. Diese werden häufig für private Haushalte genutzt.

Dann gibt es noch thermische Solarkraftwerke, die ebenfalls Wärme erzeugen, aber viel mehr als die Solarzellen und mit viel höheren Temperaturen. Diese Wärme wird häufig in Strom umgewandelt. Schließlich gibt es noch die komplizierten Fotovoltaikanlagen, die elektrische Energie liefern.

WER MALT DEN REGENBOGEN AN DEN HIMMEL?

Hast du schon mal einen Regenbogen gesehen und dich gefragt, wie er eigentlich an den Himmel kommt?

Regenbögen können wir immer nur dann sehen, wenn die Sonne scheint und es gleichzeitig regnet. Dann bricht sich das Sonnenlicht in den Regentropfen und leuchtet in bunten Farben. Das weiße Licht wird dabei in seine einzelnen Farbbereiche aufgespalten. Die Farben sind immer die gleichen, in dieser Reihenfolge: Lila, Blau, Grün, Gelb, Orange, Rot.

WAS IST NEBEL?

Nebel ist im Grunde eine Wolke, die den Erdboden berührt.

Er entsteht, wenn sich Luft abkühlt. Dann wird die Feuchtigkeit in der Luft zu Tröpfchen, die ganz fein in der Luft über dem Boden verteilt sind. Wir sehen sie als Nebel. Am häufigsten ist Nebel deswegen abends und in der Nacht, wenn sich warme, feuchte Luft nahe am Boden abkühlt. Auch im Herbst gibt es oft Nebel.

WIESO LÄUFT DAS MEER NICHT ÜBER?

Wenn der Regen und das Wasser der Flüsse ins Meer fließen, müsste es doch irgendwann voll sein, oder etwa nicht?

Nein, da die Wassermenge auf der Erde immer gleich bleibt. Das Wasser verteilt sich nur ständig neu. Es befindet sich in einem fortwährenden Kreislauf. Durch die Sonne verdunstet das Meerwasser und steigt als Wasserdampf nach oben, wo es Wolken bildet.

Ein Teil des Wassers aus den Wolken landet als Niederschlag direkt wieder in den Meeren. Ein anderer Teil entleert sich über Land: Es regnet, hagelt oder schneit. Dieses Wasser wird nun zu Grundwasser und fließt unterirdisch zurück ins Meer. Zwischendurch wird ein Teil von den Menschen als Trinkwasser, zum Waschen oder Kochen verwendet und fließt dann erst zurück ins Meer.

WIE ENTSTEHEN EBBE UND FLUT?

Hast du schon einmal Urlaub an der Nordsee gemacht? Da konntest du sehen, dass das Wasser manchmal da und manchmal weg ist.

Hier waren die Gezeiten, also Ebbe und Flut, am Werk. Schuld daran sind die Anziehungskraft des Mondes und die sogenannte Fliehkraft. Der Mond zieht das Meerwasser auf der ihm zugewandten Erdseite an und erhöht so den Wasserspiegel. Das ist die Flut.

Da die Erde sich um sich selbst dreht, entsteht Fliehkraft. Die Fliehkraft kannst du dir vorstellen wie zwei Tänzer, die sich an den Händen halten und drehen. So bildet sich auf der entgegengesetzten Seite der Erde ein zweiter Flutberg. Dort, wo die Anziehungskraft des Mondes und die Fliehkraft gerade nicht wirken, ist Ebbe.

WIESO GEHEN MANCHE DINGE IM WASSER UNTER UND ANDERE NICHT?

Wenn du einen Stein ins Wasser wirfst, dann geht er sofort unter. Eine Feder, ein Stück Holz oder eine Luftmatratze dagegen schwimmen auf dem Wasser. Wieso ist das so?

Du kannst dir das Ganze so vorstellen: Wasser besteht aus unheimlich vielen kleinen Teilchen, die ganz dicht beieinander schwimmen. Wirfst du nun etwas ins Wasser, stemmen die Teilchen sich dagegen, weil sie zusammenbleiben möchten. Das nennt man Auftrieb.

Der Auftrieb funktioniert aber nur, wenn die Erdanziehungskraft nicht zu groß ist. Schwere Dinge werden stärker von der Erde angezogen als leichte, deshalb durchbrechen sie die Wasseroberfläche leichter und gehen im Wasser unter.

WARUM FÜHLT SICH WASSER HART AN, WENN MAN HINEINSPRINGT?

Jeder, der schon mal einen Bauchklatscher gemacht hat, weiß, dass Wasser ganz schön hart sein kann. Komisch, wenn man bedenkt, dass Wasser sonst eigentlich sofort nachgibt und sich weich anfühlt, wenn man hineinsteigt.

Schuld ist die Geschwindigkeit, mit der man bei einem Bauchklatscher auf dem Wasser auftrifft. Da Wasser viel schwerer ist als zum Beispiel Luft, ist es sehr träge und lässt sich nur langsam zur Seite schieben, aber genau das muss passieren, wenn wir ins Wasser eintauchen. Beim Auftreffen auf der Wasseroberfläche sind wir so schnell, dass das schwerfällige Wasser nicht schnell genug zur Seite fließen kann. Wir werden vom Wasser abgebremst und das ist schmerzhaft.

WER HAT DAS SALZ INS MEER GETAN?

Meerwasser schmeckt salzig, obwohl alle Flüsse, die ins Meer fließen, Süßwasser haben. Und doch bringen sie das Salz ins Meer. Denn in ihrem Wasser sind Mineralstoffe enthalten, die auch Mineralsalze genannt werden. Allerdings in so geringer Menge, dass wir es nicht merken.

Das Wasser der Meere verdampft durch die Sonne. Da die Mineralstoffe nicht verdampfen können, bleiben sie im Meer. Im Laufe der Zeit ist die Salzkonzentration dadurch immer mehr angestiegen und heute können wir das Salz im Meer schmecken.

WIE KOMMT DER SAND AN DEN STRAND?

An vielen Stränden gibt es Sand, mal weiß und fein, mal schwarz und grobkörnig. Aber wo kommt der Sand her?

Die Flüsse, die ins Meer fließen, bringen Steinchen aus den Bergen mit. Im Meer werden diese dann über Tausende von Jahren vom Wasser hin- und herbewegt und immer feiner geschliffen.

Die Wellen bringen den Sand dann mit der Zeit an Land. Je nachdem, welche Farbe das Gestein hat, das die Flüsse mitbringen, ist dann auch der Sand am Strand gefärbt. Auf der Vulkaninsel Lanzarote gibt es beispielsweise schwarzen Lavastrand.

WARUM IST FEUER HEISS?

In jedem Brennstoff, zum Beispiel Holz oder Kohle, ist Energie gespeichert. Diese Energie wird beim Verbrennen freigesetzt und von uns als Wärme oder Hitze wahrgenommen. Das ist das ganze Geheimnis.

Je nachdem, welches Material gerade verbrennt, ist das Feuer unterschiedlich heiß. In Holz ist zum Beispiel jede Menge Sonnenenergie gespeichert. Es verbrennt mit einer Temperatur von 1100 bis 1300 Grad Celsius. Ein Papierfeuer dagegen ist „nur“ etwa 800 Grad Celsius heiß.

WIESO BRECHEN VULKANE AUS?

Im Inneren unserer Erde ist es unvorstellbar heiß. Dort befindet sich geschmolzenes Gestein, das Magma heißt. Das Magma fließt hin und her und bewegt die verschiedenen Platten, aus denen unsere Erdoberfläche besteht.

Dabei passiert es, dass die Platten sich so weit voneinander entfernen, dass ein Graben zwischen ihnen entsteht. Aus diesem Graben kann dann das heiße, flüssige Magma in einem Vulkanausbruch nach oben fließen. Das Magma wird dann Lava genannt.

Es kann auch sein, dass die Erdplatten aneinanderstoßen und die Erdkruste Risse bekommt, durch die das Magma dann nach oben ausfließt.

Manchmal sind die Hitze und der Druck im Erdinneren auch so groß, dass ein Magmastrahl hochsteigt und die Erdkruste durchstößt. Dann gibt es eine heftige Explosion.

WIE SIND DIE BERGE GEWACHSEN?

Vor mehr als 200 Millionen Jahren bestand unsere Erde aus einem riesigen Ozean, in dem ein einziger riesiger Kontinent schwamm: der Urkontinent Pangäa. Unter dem Kontinent war die Meeresströmung so stark, dass Pangäa eines Tages in einzelne Kontinentalplatten auseinanderbrach.

Die Bruchstücke trieben zuerst voneinander weg und später wieder aufeinander zu. Die meisten Gebirge sind durch die Bewegung dieser Platten entstanden. Wenn zwei Platten zusammenstießen, entstanden dabei so große Kräfte, dass sich riesige Berge aufgefaltet haben.

Das dauerte allerdings Millionen von Jahren. Unsere Berge sind also wirklich schon „stein“alt.

WIESO VERÄNDERT SICH DAS KLIMA?

Nach langen Beobachtungen sind die Wissenschaftler sicher, dass es einen Klimawandel gibt: Die Erde wird wärmer. Dieser Wandel wird hauptsächlich durch den Treibhauseffekt hervorgerufen. Das funktioniert wie in einem Gewächshaus: Das Glasdach lässt warme Sonnenstrahlen hinein, aber die Wärme kann nicht wieder hinaus.

Um unsere Erde liegt eine Lufthülle, die Erdatmosphäre, in der sich verschiedene Gase befinden: die Treibhausgase Methan, Kohlenstoffdioxid, Fluorchlorkohlenwasserstoff (FCKW) und Lachgas. Sie lassen – genau wie das Glasdach im Treibhaus – die Sonnenstrahlen von außen hinein, halten die Wärme dann aber gefangen.

Durch die vielen Treibhausgase, die durch uns Menschen, zum Beispiel durch Autoabgase, in die Erdatmosphäre gelangen, wird die Wärmedecke immer dichter und der Treibhauseffekt verstärkt sich. Dadurch steigt die Temperatur auf der Erde.

WAS IST DAS OZONLOCH?

Unsere Erde ist von mehreren schützenden Gasschichten, die man zusammen Erdatmosphäre nennt, umgeben. Eine dieser Schichten ist die Ozonschicht. Sie schützt vor den ultravioletten Strahlen der Sonne. Von diesen, auch UV-Licht genannten Strahlen können wir Sonnenbrand und Hautkrebs bekommen.

Gibt es nun ein Ozonloch, dann ist das ein großes Loch in der Ozonschicht. Das kann durch das sogenannte Treibhausgas FCKW, das meist in Spraydosen und Kühlschränken enthalten war, entstehen. Deswegen ist FCKW heute fast überall verboten. Das größte Ozonloch findet sich derzeit über der Antarktis.

Gegen die gefährlichen UV-Strahlen hilft Sonnencreme.

WAS IST EIGENTLICH SCHWERKRAFT?

Sicher ist dir schon einmal aufgefallen, dass alles, was du fallen lässt, nach unten auf den Boden fällt und nicht nach oben fliegt oder in der Luft schwebt. Aber warum ist das eigentlich so?

Das liegt an der Schwerkraft. Diese besondere Kraft sorgt dafür, dass alles in Richtung Erde fällt und auch dafür, dass wir nicht durch die Luft fliegen. Schwerkraft bedeutet, dass zwei Massen sich gegenseitig anziehen. Wir selbst und alles, was sich sonst noch auf der Erde befindet, Tiere und Pflanzen, die Luft und das Wasser – alles wird von der Erde angezogen.

HÖRT DIE ERDE IRGENDWANN AUF, SICH ZU DREHEN?

Wissenschaftler haben anhand von Fossilien, das sind sehr alte versteinerte Abdrücke oder Überreste von Tieren und Pflanzen, festgestellt, dass die Erde sich vor etwa 400 Millionen Jahren schneller gedreht hat als heute.

Damals waren die Tage nur 22 Stunden lang. Heute sind es 24 Stunden. Pro Jahr wird die Erde um etwa 23 Mikrosekunden langsamer. Bis wir überhaupt merken würden, dass die Erde langsamer geworden ist, müssten viele Milliarden Jahre vergehen.

Und warum wird die Erde langsamer? Das liegt an den Gezeiten, an Ebbe und Flut. Dabei werden gewaltige Wassermassen in Bewegung versetzt und die Erde dreht sich unter diesen Flutbergen hindurch. Die Reibung, die dabei entsteht, wirkt wie eine riesige Bremse auf die Erde.

WARUM HABEN WIR HUNGER ODER SIND SATT?

Immer wenn ein niedriger Zuckerspiegel im Blut ist, empfinden Menschen und Tiere Hunger. Das Hungergefühl entsteht nicht etwa im Magen, sondern im Gehirn. Hier wird nämlich der Zuckerspiegel gemessen.

Außerdem bekommt das Gehirn dauernd Informationen über den Füllzustand von Magen, Darm und Fettspeichern. Ist der Magen voll, sorgt das Sättigungszentrum dafür, dass wir uns satt fühlen. Ist nur wenig Inhalt im Magen, erzeugt das Hungerzentrum ein Hungergefühl.

WAS WIRD AUF DER WELT AM MEISTEN GEGESSEN?

Was meinst du, welches Grundnahrungsmittel wird von allen Menschen auf der Welt am meisten gegessen?

Es ist Reis. Für etwa 80 Prozent der Weltbevölkerung ist Reis das wichtigste Grundnahrungsmittel. Es gibt ihn in sehr vielen verschiedenen Sorten – insgesamt sind es etwa 8000.

Hauptsächlich wird er in den asiatischen Ländern, aber auch in den USA, Ägypten oder Südamerika angebaut. Insgesamt werden auf der Welt etwa 400 Millionen Tonnen Reis im Jahr produziert. Ganz schön viel, oder?

WIESO SIND VITAMINE SO WICHTIG?

Vitamine sind lebensnotwendige Stoffe, die unser Körper braucht, um gesund zu bleiben. Vitamine helfen uns, Mineralstoffe und andere wichtige Bestandteile aus der Nahrung aufzunehmen. Außerdem stärken sie unser Immunsystem, das uns vor Krankheiten schützt.

Da unser Körper nicht genügend Vitamine selbst produzieren kann, müssen wir sie mit der Nahrung aufnehmen. Vitamine sind vor allem in Obst und Gemüse, aber auch in Nüssen enthalten.

WOZU BRAUCHEN WIR KOHLEHYDRATE?

Kohlehydrate sorgen dafür, dass wir fit und leistungsfähig sind. Bei der Verdauung werden sie zu Zucker abgebaut und der Blutzuckerspiegel steigt.

Das Hormon Insulin sorgt dann schließlich dafür, dass der Zucker in die Muskeln und das Gehirn gelangt und diese mit Energie versorgt.

Zu finden sind die Energiespender vor allem in Getreideprodukten, Hülsenfrüchten, Nüssen, Nudeln, Kartoffeln, Obst und Gemüse.

WARUM IST ZU VIEL FETT UNGESUND?

Unsere Muskeln benötigen täglich Energie. Als Energielieferanten dienen Fett und Kohlehydrate. Unsere Muskeln nehmen lieber Kohlehydrate als Fett als Energielieferanten. Das heißt, um Fett zu verbrennen, müssen die Muskeln sich schon mächtig anstrengen und es müssen alle Kohlehydrate aufgebraucht sein.

Isst man mehr Fett, als der Körper an Energie benötigt, speichert er es als Notreserve. So können Fettpölsterchen entstehen. Fett ist aber nicht grundsätzlich schlecht, oft ist es sogar notwendig. Viele Vitamine, wie zum Beispiel das Vitamin A in Möhren, kann unser Körper ohne Fett gar nicht aufnehmen. Auch unser Gehirn benötigt Fett – aber nur das gesunde aus Pflanzen.

WAS SIND EIGENTLICH MINERALSTOFFE?

Als Mineralstoffe werden wichtige Nährstoffe wie Kalzium, Magnesium, Phosphor, Natrium, Chlor, Kalium und Schwefel bezeichnet.

Da unser Körper diese Stoffe nicht selbst herstellen kann, müssen wir sie über die Nahrung aufnehmen. Mineralstoffe sind in Form von Salzen in Fleisch und Fisch, aber auch in Gemüse, Obst und Wasser enthalten.

SEIT WANN WIRD BROT GEGESSEN?

Brot besteht größtenteils aus Getreide und das gibt es schon sehr lange, seit mehr als 30.000 Jahren. Bevor man das Backen selbst entdeckte, wurde das Getreide mit Wasser vermischt und als Brei verzehrt.

Nachdem die Wirkung von Wärme auf diesen Brei beobachtet wurde, legte man die Breifladen ins Feuer – tadaa, das erste Brot.

Mit der Entwicklung von Öfen konnten dann schon runde Brotlaibe gebacken werden und mit der Entdeckung von Hefe im antiken Ägypten wurde Brot richtig lecker. Schon vor 5000 Jahren gab es bei den Ägyptern etwa 30 verschiedene Brotsorten – sie wurden deswegen auch Brotesser genannt.

WIE WIRD AUS KAKAO SCHOKOLADE?

Von der Kakaobohne bis zur Schokoladentafel ist es ein langer Weg: Nachdem die Kakaobohnen geerntet und getrocknet sind, werden sie geröstet, damit sich die Schalen ablösen. Danach bleiben nur die Kerne übrig, die gemahlen werden.

Beim Mahlen entsteht Wärme, wodurch die Kakaobutter im Kern schmilzt. Sie fließt dann als flüssige Masse aus der Mühle. Der Rest der Kerne wird in der Mühle zu einem flüssigen Brei gemahlen, der Kakaomasse.

Diese Masse wird mit Kakaobutter, Milchpulver, Vanille und Zucker gemischt. Anschließend wird die Kakaomischung fein ausgerollt und dann konchiert. Das heißt, die Masse wird in beweglichen Trögen erwärmt und ständig bewegt. Je länger konchiert wird, umso feiner ist die Schokolade später. Nach dem Konchieren wird die flüssige Schokolade in Formen gegossen und kann hart werden.

WO KOMMT DAS SALZ HER?

Früher wurde Salz als weißes Gold bezeichnet, da es sehr aufwendig zu gewinnen und deshalb sehr teuer war. Heute wird Salz in Bergwerken abgebaut oder aus Meerwasser gewonnen. Dabei lässt man das Meerwasser in flachen Becken verdunsten, bis nur noch Salz zurückbleibt.

Salz bringt nicht nur einen angenehm würzigen Geschmack an unser Essen, sondern ist auch wichtig für unsere Ernährung. Es regelt den Wasserhaushalt in unserem Körper. Zu viel Salz ist allerdings ungesund, da es den Nieren schaden und Bluthochdruck verursachen kann.

IST IN TEEWURST WIRKLICH TEE?

Nein, in Teewurst ist überhaupt gar kein Tee. Um 1900 erfand der Wurstfabrik-Besitzer Carl Müller eine neue Wurst, die sehr fein war und einen besonders leckeren Geschmack hatte.

Nachmittags versammelten sich die Leute der gehobenen Gesellschaft oft zum Teetrinken und aßen dazu Gebäck. Doch als sie die feine Wurst von Carl Müller entdeckten, aßen sie bald lieber kleine Wurstbrote zum Tee. Daher hat die Teewurst ihren Namen.

WIE WURDE DAS EIS AM STIEL ERFUNDEN?

Eis am Stiel wurde im Jahr 1905 ganz zufällig von dem damals elfjährigen Amerikaner Frank Epperson (1894–1983) erfunden. Frank hatte sein Glas Limonade eines Winters über Nacht mit einem Löffel darin draußen auf der Veranda stehen lassen.

Am nächsten Morgen stellte er fest, dass die Limo am Löffel festgefroren war. Was für eine tolle Erfrischung, wenn man den Klumpen aus dem Glas nimmt und daran leckt!

BESTEHT ZUCKERWATTE AUS WATTE?

Zuckerwatte sieht zwar aus wie ein riesiges Wattebausch, besteht aber aus nichts anderem als fünf bis sechs Gramm Zucker. Der Zucker wird in der Zuckerwattemaschine geschmolzen und dann geschleudert. Durch das Schleudern wird der flüssige Zucker zu hauchdünnen Fäden gesponnen, die mit einem Holzstab aufgefangen werden. Die Zuckerfäden kühlen durch das Schleudern schlagartig ab und erstarren zu einer Art Watte.

Ihr buntes Aussehen und den unterschiedlichen Geschmack bekommt die Zuckerwatte durch Lebensmittelfarbe, die zum Zucker gegeben wird.

SCHWIMMEN FISCHSTÄBCHEN IM MEER?

Die goldbraun panierten Rechtecke schwimmen natürlich nicht schon als fertige Stäbchen im Meer. Bevor sie auf den Teller kommen, muss zuerst der Fisch gefangen und verarbeitet werden.

Schon auf dem Fangschiff werden die Alaskaseelachse, die meistens für Fischstäbchen verwendet werden, sortiert, gehäutet, entgrätet und in Blöcken tiefgefroren.

Die gefrorenen Klötze werden an Land in einer Fabrik auf Fischstäbchengröße zerteilt. Die nackten Stäbchen schwimmen dann durch ein Bad mit Panade. Anschließend werden sie etwa 20 Sekunden vorgebraten, in Schachteln verpackt und tiefgefroren zu den Supermärkten transportiert.

WIE WIRD AUS MAIS-KÖRNERN POPCORN?

Schaut man sich die weißen Schaumgebilde an, kann man sich gar nicht so richtig vorstellen, dass sie aus kleinen, festen Maiskörnern entstanden sind.

Popcornmais muss vor allem viel Wasser enthalten. Um Popcorn zu machen, werden die Körner in Öl erhitzt, dadurch dehnen sich die Wasserteilchen in ihnen aus. Es entsteht ein starker Überdruck im Maiskorn, bis es schließlich aufplatzt. Die im Maiskorn enthaltene Stärke quillt dabei als weißer Schaum hervor und wird sofort fest.

WIE KOMMEN DIE ERDNÜSSE IN DIE FLIPS?

Erdnussflips bestehen fast hauptsächlich aus Maismehl, hättest du das gedacht? Die Erdnüsse kommen erst ziemlich spät in die Flips und machen nur einen kleinen Anteil aus.

Zuallererst wird ein Maisteig hergestellt, der dann unter hohem Druck gebacken und zusammengepresst wird. Anschließend wird aus der Masse eine lange Wurst geformt. Diese Wurst wird in flipsförmige Stückchen geschnitten.

Erst dann kommen die Erdnüsse dazu. Sie werden fein gehackt und dann zerstampft, bis sie zu Erdnussbutter geworden sind. Zusammen mit anderen Fetten, Salz und Pfeffer kommen die Maismehl-Flips in eine große Trommel. Dort werden sie so lange gerüttelt, bis sich Fette und Gewürze gleichmäßig verteilt haben. Nun noch schnell luftdicht verpacken und fertig sind die leckeren Erdnussflips.

WER HAT DIE GUMMIBÄRCHEN ERFUNDEN?

1922 stellte Hans Riegel (1893–1945) in seiner Fabrik in Bonn die ersten Gummibärchen her. Aus diesen Gummibärchen wurden später die bekannten Goldbären von HARIBO. Der Name der Firma erklärt sich durch den Erfinder der bunten Gummitiere und der Stadt, in der sie hergestellt werden (**Ha**ns **Ri**egel **Bo**nn).

Gummibärchen bestehen aus Zucker, Zuckersirup, Wasser, Farb- und Geschmacksstoffen. Da in den fruchtigen Bärchen auch Gelatine enthalten ist, fühlen sie sich gummiartig an.

HEISSEN WEINGUMMIS SO, WEIL WEIN DRIN IST?

Die bunten Gummileckereien gibt es in allen verschiedenen Farben und Formen, doch Wein ist in ihnen normalerweise nicht enthalten. Der Name Weingummi stammt von der Weinsäure, die zum Haltbarmachen in den fruchtigen Süßigkeiten enthalten ist.

Man unterscheidet zwischen Fruchtgummi und Weingummi. In Fruchtgummi sind Fruchtsäuren oder Milchsäuren, damit sich die gummiartigen Süßigkeiten länger halten. Und in Weingummi ist eben Weinsäure.

WAS IST SOJA?

Soja ist eine Pflanze, die sehr viele Nährstoffe enthält, daher sind alle Sojaprodukte auch so gesund. Vielleicht hast du schon einmal von Sojasoße, Tofu oder Sojamilch gehört? All diese leckeren, gesunden Lebensmittel kann man aus der Sojabohne herstellen.

Soja enthält alle wichtigen Aminosäuren, die unsere Körperzellen brauchen. Außerdem enthalten die kalorienarmen Sojaprodukte viel Eiweiß, Mineralstoffe und Vitamine.

Das bekannteste Sojaprodukt ist Tofu, der aus Sojamilch hergestellt wird. Aus Tofu lassen sich Schnitzel, Burger oder Würstchen machen. Man kann ihn frittieren, grillen oder braten, als Brotaufstrich, im Salat oder als süße Nachspeise verwenden.

WIE KOMMT DER KETCHUP IN DIE FLASCHE?

Egal, ob zu Würstchen, Pommes oder Nudeln – Ketchup passt immer. Aber wie verwandeln sich Tomaten in die leckere, würzige Soße?

Neben Tomaten – genauer gesagt püriertem Tomatenmark – besteht Ketchup auch noch aus verschiedenen Gewürzen, Zucker und Essig. In einer Fabrik werden alle Zutaten zusammengerührt, gekocht, in Flaschen abgefüllt und luftdicht verschlossen.

Wusstest du, dass Ketchup ursprünglich aus China stammt und eine Fischsoße war? Im 17. Jahrhundert wurde Ketchup auch in England bekannt. Ein Rezept der schmackhaften Soße aus Tomaten gelangte nach Amerika und wurde dort sehr beliebt. Mittlerweile hat Ketchup die ganze Welt erobert.

WIESO WACKELT WACKELPUDDING?

Das Geheimnis des Wackelpuddings ist die Gelatine. Ohne sie würde gar nichts wackeln. Um den Pudding herzustellen, wird Gelatine in warmes Wasser oder warmen Fruchtsaft eingerührt, bis sie sich aufgelöst hat. Danach muss das Ganze am besten im Kühlschrank einige Stunden abkühlen, denn nur so kann die Gelatine wirken.

Wird die Puddingmasse fest, zieht sich die Gelatine wie ein Netz mit unzähligen, spiralförmigen Eiweißfasern durch den Wackelpudding. Diese Eiweißspiralen halten die bunte Masse zusammen, wirken aber gleichzeitig auch wie Federn. So fängt die Götterspeise schon bei leichten Bewegungen an zu wackeln.

WIE KOMMT DER HONIG AUFS BRÖTCHEN?

Wie du sicher weißt, wird Honig von Bienen gemacht. Aber wie funktioniert das und wie kommt der Honig zu uns auf den Frühstückstisch?

Sobald die ersten Blumen blühen, fliegen die Arbeitsbienen los und sammeln Nektar. Der Nektar wird dann im Bienenstock von anderen Bienen, die nicht auf Nektarsuche gehen, zu Honig verarbeitet. Anschließend wird der Honig als Wintervorrat in den Waben gelagert. Das sind sechseckige Fächer aus Wachs in den Wänden des Bienenstocks.

Wenn alle Waben voll mit Honig sind, nimmt der Imker, das ist der Bienenzüchter, sie heraus und stellt sie in eine Honigschleuder, in der der Honig aus den Waben herausgeschleudert und aufgefangen wird. Als Ersatz bekommen die Bienen im Winter Zuckerwasser vom Imker.

WER MACHT DIE LÖCHER IN DEN KÄSE?

Dir ist bestimmt schon einmal aufgefallen, dass in manchen Käsesorten, wie zum Beispiel Emmentaler, viele kleine und große Löcher sind. Aber warum ist das so? Wie kommen diese Löcher in den Käse hinein?

Ganz einfach: Käse wird aus Milch gemacht. Während sich die Milch in besonderen Behältern langsam in Käse verwandelt, wird eine ganz spezielle Art von Bakterien aus dem Magen von Rindern, dem sogenannten Labmagen, untergemischt.

Diese Bakterien erzeugen in der weichen Käsemasse ein Gas. Durch das Gas entstehen unterschiedlich große Blasen, die später im Käse als Löcher zu sehen sind.

KOMMT DER HAMBURGER AUS HAMBURG?

Zu dieser Frage gibt es verschiedene Erklärungsversuche: In Hamburg gab es früher einen Snack, der Rundstück warm hieß. Das war eine Frikadelle mit warmer Soße in einem Brötchen, dem Rundstück. Einwanderer aus Hamburg sollen diesen Snack in Amerika bekannt gemacht haben.

In einer anderen Geschichte taucht der Hamburger zum ersten Mal 1904 auf der Weltausstellung auf. Fletcher Davis (1864–1941) soll dort eine Frikadelle im Brötchen mit Senf und Zwiebeln serviert haben. Wie der Hamburger zu seinem Namen gekommen ist, erklärt diese Geschichte allerdings nicht.

Ganz eindeutig wird sich wohl nie klären lassen, warum der Hamburger Hamburger heißt.

WIE KOMMT DIE SCHALE UM DAS EI?

Die Schale dient zum Schutz des Eis, so ist das Innere besonders gut vor Druck geschützt. Die Schale entsteht noch in der Gebärmutter der Henne, bevor das Ei gelegt wird. Und das geht so: Im Eierstock der Henne entstehen im Laufe der Zeit Tausende von Eizellen. Diese wachsen nach und nach zu Dotterkugeln, um die sich ein dünnes Häutchen legt.

Wenn das Ei befruchtet ist, lagert sich aus verschiedenen Drüsen das Eiklar um die Dotterkugel an. Während das Ei durch den Eileiter zur Gebärmutter wandert, bildet sich eine Schalenhaut um das Ei. In der Gebärmutter entsteht dann eine kalkhaltige Eierschale, die aber erst vollständig aushärtet, wenn das Ei gelegt ist.

WIESO HAT WARME MILCH EINE HAUT?

Sicher hast du auf warmem Kakao oder warmer Milch schon einmal ein dünnes, festes Häutchen entdeckt. Dieses Häutchen entsteht dadurch, dass sich die Inhaltsstoffe von Milch verändern, wenn man sie erhitzt.

Das in der Milch enthaltene Wasser verdampft, während das Milcheiweiß im Topf zurückbleibt.

Durch die Wärme flockt das Milcheiweiß und steigt nach oben. Dort trifft es auf die kühlere Luft, wird fest und bildet eine Haut.

MACHT KAFFEE WIRKLICH WACH?

Um morgens schneller wach zu werden, trinken viele Erwachsene nach dem Aufstehen erst einmal einen Kaffee. Aber macht Kaffee wirklich wach und wenn ja, warum?

Kaffee wird aus gerösteten und gemahlenen Kaffeebohnen, das sind die Samen des afrikanischen Kaffeebaums, hergestellt. Kaffee hat einen ganz besonderen Inhaltsstoff, das Koffein.

Koffein wirkt belebend und macht tatsächlich wach. Auch Cola und schwarzer Tee enthalten ähnliche Wirkstoffe. Vor dem Schlafengehen sollte man deshalb besser keinen Kaffee, schwarzen Tee oder Cola mehr trinken.

WIESO WIRD UNS BEI SCHARFEM ESSEN HEISS?

Chili und Pfeffer sind typische Scharfmacher in unserem Essen und treiben so manchem die Schweißtropfen auf die Stirn.

Hierfür gibt es verschiedene Ursachen: Chili zum Beispiel regt den Stoffwechsel an und bringt so den Kreislauf in Schwung, wodurch uns warm wird.

Pfeffer hingegen sorgt dafür, dass unser Körper Glückshormone ausschüttet. Fühlen wir uns glücklich, verbinden wir dies mit Wärme und uns wird heiß.

WIESO SPRUDELN BRAUSETABLETTEN?

Du hast bestimmt schon einmal beobachtet, wie eine Brausetablette sich sprudelnd auflöst, sobald sie mit Wasser in Berührung kommt. Doch warum ist das so?

In Brausetabletten sind besondere chemische Stoffe enthalten: Säuren, wie Zitronensäure oder Weinsäure, und Natrium- oder Kaliumcarbonate. Treffen diese Inhaltsstoffe der Brausetablette und Wasser aufeinander, findet eine chemische Reaktion statt, bei der Kohlensäure entsteht. Die Kohlensäure entweicht in sprudelnden Bläschen, genauso wie du es von Mineralwasser kennst.

WIESO MACHT WARME MILCH MÜDE?

In warmer Milch ist eine besondere Aminosäure, das Tryptophan, enthalten, die das Geheimnis der einschläfernden Wirkung ist. Das Tryptophan bewirkt, dass das Gehirn eine größere Menge des Hormons Serotonin ausschüttet.

Hormone sind Botenstoffe, die vom Gehirn ausgesendet werden, um Vorgänge in unserem Körper zu regeln. Serotonin wirkt beruhigend und wir schlafen schneller ein.

Wenn du noch Honig mit in die Milch gibst, wirst du sogar noch eher müde. Der Zucker im Honig sorgt dafür, dass das Tryptophan noch zügiger ins Gehirn gelangt, wodurch das Serotonin ebenfalls schneller ausgeschüttet wird. Heiße Milch mit Honig ist also ein sehr gutes Mittel, wenn du mal nicht einschlafen kannst.

WIESO KOMMEN UNS BEIM ZWIEBELSCHÄLEN DIE TRÄNEN?

Sicher sind dir auch schon einmal die Tränen in die Augen gestiegen, wenn du eine Zwiebel geschält oder deiner Mutter dabei zugesehen hast. Woran liegt es, dass wir beim Zwiebelschälen weinen müssen?

In Zwiebeln ist eine schwefelhaltige Verbindung, das sogenannte Allicin, enthalten. Dieser Stoff reizt die Augen. Um den Reizstoff wieder aus den Augen herauszuspülen, produziert unser Körper Tränenflüssigkeit. Deswegen müssen wir beim Zwiebelschälen weinen.

WOHER KOMMT SCHIMMEL?

Schimmel besteht aus winzig kleinen, schädlichen Pilzen, die du als dichten weiß-grünen Flaum auf Lebensmitteln sehen kannst.

Würdest du die Schimmelpilze unter einem Mikroskop betrachten, könntest du feststellen, dass sie aus sehr feinen Fäden bestehen, an denen unzählige, winzige Sporen hängen.

Ein leichter Luftzug genügt schon, um die Schimmelsporen fortwehen zu lassen. So können innerhalb kurzer Zeit ein ganzes Stück Käse, ein Brot oder feuchte Tapete voller Schimmel sein. Verschimmelte Lebensmittel darfst du auf keinen Fall mehr essen, denn Schimmel macht krank.

WARUM FÄRBEN SICH ANGESCHNITTENE ÄPFEL BRAUN?

Sicher kennst du dieses Problem. Gerade noch liegt ein Apfel in appetitliche Spalten geschnitten vor dir und nur kurze Zeit später hat er sich braun verfärbt. Nun sieht er leider nicht mehr so lecker aus.

Wenn ein Apfel in Stücke geschnitten wird, werden dabei die Zellen des Fruchtfleisches zerstört. In ihnen befinden sich bestimmte Stoffe: Enzyme und Polyphenole.

Treten nun die Polyphenole mit dem Sauerstoff der Luft in Kontakt, findet eine chemische Reaktion statt, die von den Enzymen noch beschleunigt wird: Aus den Polyphenolen werden braune Farbpigmente und der Apfel verfärbt sich. Schmecken tut der Apfel aber trotzdem noch gut.

MACHT SAUER WIRKLICH LUSTIG?

Sicher kennst du die alte Volksweisheit „Sauer macht lustig", aber stimmt das auch? Früher hatte das Wort lustig eher die Bedeutung von gelüstig, also Lust auf mehr machend.

Sauer macht also keine gute Laune im Sinne dessen, was wir heute unter dem Wort lustig verstehen, sondern Saures macht Lust auf Essen.

Richtig müsste es also eigentlich heißen „Sauer macht Appetit" und nicht „Sauer macht lustig". Die lustigen Gesichtsausdrücke, wenn jemand zum Beispiel in eine Zitrone beißt, könnten allerdings doch für gute Laune sorgen.

WIESO ESSEN CHINESEN MIT STÄBCHEN?

Da Brennholz im alten China knapp war, war es gut, möglichst energiesparend zu kochen. Daher schnitten die chinesischen Köche alle Zutaten in mundgerechte Stückchen. So verkürzte sich die Garzeit und man benötigte weniger Energie zum Kochen.

Um dann die bereits klein geschnittenen Häppchen zu essen, braucht man eigentlich kein Messer und keine Gabel, sondern eher ein Schaufelwerkzeug. Die Schale mit dem Essen wird unter das Kinn geklemmt und der Inhalt mit den Stäbchen in den Mund geschaufelt.

Die Chinesen finden es außerdem unappetitlich, wenn das Essen noch an ein Tier erinnert. Auch wollen sie es ihren Gästen nicht zumuten, das Essen selbst klein schneiden zu müssen.

WIE WIRD SAHNE STEIF?

Der Trick der Sahne ist ihr hoher Fettgehalt. Jedes einzelne Fetttröpfchen der Sahne ist von einer Eiweißhülle umgeben. Dadurch verteilen sich die Fetttröpfchen gleichmäßig in der Sahne.

Wenn die Sahne geschlagen wird, geht die Eiweißhülle kaputt und die Fetttröpfchen kleben aneinander.

Gleichzeitig wird durch das Schlagen Luft eingerührt. Die Luftbläschen bleiben zwischen den Fettbläschen kleben. Dadurch wird die Masse nicht nur stabiler, sondern auch vermehrt. Die Sahne ist nun steif.

Sogar wenn du den Becher, in dem du sie geschlagen hast, auf den Kopf stellst, rührt sie sich nicht.

WAS SIND BIO-LEBENSMITTEL?

Bestimmt hast du im Supermarkt schon einmal den Hinweis Bio auf einem Produkt gesehen. Doch was genau bedeutet dieses Bio eigentlich?

Bioprodukte sind Lebensmittel, die nach ganz bestimmten Richtlinien auf einem ökologischen Bauernhof hergestellt werden. Ein Öko-Hof oder Bio-Hof arbeitet im Einklang mit der Natur und legt großen Wert auf den Schutz der Umwelt. So werden zum Beispiel keine chemischen Dünger und Pflanzenschutzmittel verwendet.

Auch Tierhaltung und Ackerbau sind auf so einem Hof eng miteinander verbunden: Der Mist der Tiere kommt als Dünger auf den Acker und einen Teil der angebauten Pflanzen bekommen die Tiere zu fressen.

WAS IST DER UNTERSCHIED ZWISCHEN EINEM VEGETARIER UND EINEM VEGANER?

Ein Vegetarier isst kein Fleisch. Ein Veganer dagegen verzichtet auch auf alle anderen Tierprodukte, zum Beispiel Eier, Honig, Milch, Käse und Butter. Veganer ernähren sich ausschließlich von Pflanzen, also von Obst, Gemüse und Getreide. Viele Veganer verzichten auch sonst auf den Gebrauch von Tierprodukten wie etwa Wolle, Daunen, Leder, Bienenwachs und Seide.

Vegetarier haben meistens vor allem moralische Bedenken, Tiere zu essen, weil sie dafür geschlachtet werden müssen. Manche Vegetarier halten Fleisch auch einfach für ungesund oder verzichten aus religiösen Gründen.

Veganer hingegen wollen Tiere in keiner Weise nutzen, sie empfinden das Schlachten und Jagen, Tierversuche und Reiten ebenso als Unrecht wie das Melken und das Entwenden von Eiern.

WARUM HALTEN LEBENSMITTEL IN KONSERVENDOSEN LÄNGER ALS SONST?

Bevor es Kühlschränke und Gefriertruhen gab, mussten die Menschen sich etwas einfallen lassen, um Lebensmittel länger haltbar zu machen. Im Winter mussten die Vorräte oft für mehrere Monate reichen und im Sommer war es bei Hitze schwierig, Fleisch oder Milch aufzubewahren.

Eine wichtige Methode, um den natürlichen Verfall von Lebensmitteln aufzuhalten, ist das Erhitzen. Denn dadurch werden Keime abgetötet. Milch, Saft, Obst und Gemüse können so für lange Zeit haltbar gemacht werden.

Steckt man sie nach dem Erhitzen in eine Konservendose und verschließt diese absolut luftdicht, kann man sie sogar noch nach Jahren genießen.

WELCHES LEBENSMITTEL KANN NICHT VERDERBEN?

Bei archäologischen Ausgrabungen fanden Wissenschaftler Honig, der in versiegelten Tonkrügen als Grabbeigabe mehrere Tausend Jahre gehalten hatte. Angeblich war dieser Honig immer noch genießbar.

Grundsätzlich kann Honig natürlich, wie jedes andere Lebensmittel auch, schlecht werden. Und ist er einmal geöffnet, sollte man ihn auch am besten innerhalb eines Jahres aufbrauchen. Bewahrt man ihn allerdings in einer luftdicht verschlossenen Verpackung an einem dunklen Ort auf, ist er tatsächlich jahrelang haltbar.

Ebenso wie Honig halten sich auch Salz und Zucker, wenn sie trocken gelagert werden, extrem lang.

WOHER KOMMEN ZAHLEN?

Das erste Zahlensystem wurde schon 3500 vor Christus von den Sumerern erfunden – das war ein Volk, das im heutigen Irak lebte. Ihr Zahlensystem baute auf der Zahl 60 auf. Wir nutzen heute in der Mathematik noch Teile davon, zum Beispiel bei der Berechnung von Kreisen. Ein Kreis hat einen Winkel von 360 Grad, das sind sechsmal 60 Grad.

Auch andere Kulturen entwickelten Zahlensysteme, zum Beispiel die Maya in Südamerika, die sich nicht auf die 60, sondern auf die Zahl 20 stützten. Natürlich benutzten diese Völker nicht unsere heutigen Ziffern 1, 2, 3 …, sondern hatten eigene Schreibweisen, die Maya etwa in Punkten und Strichen.

Unser System (1–9 und die 0) stammt übrigens aus Indien und wurde von den Arabern weiterentwickelt. Deswegen nennen wir unsere Ziffern arabische Ziffern. Kennst du noch andere?

WIESO SOLLTE ICH ALBERT EINSTEIN KENNEN?

Albert Einstein (1879–1955) ist bekannt – er war ein deutscher Physiker des 20. Jahrhunderts. „Alles ist relativ", soll er gesagt haben. Das hat mit seinen Relativitätstheorien zu tun.

Den Begriff kennst du bestimmt, aber was steckt dahinter? Vereinfacht gesagt beinhalten diese Theorien, dass jede Beobachtung und Messung abhängig vom eigenen Standpunkt und von der eigenen Geschwindigkeit ist.

Du glaubst, du sitzt gerade still und liest diese Frage? Aber vom Mars aus beobachtet, bewegst du dich unglaublich schnell, schneller als Sebastian Vettel (geboren 1987). Ob du dich bewegst, ist also relativ zum Betrachter. Diese Überlegungen brachten damals die ganze Physik total durcheinander, sind heute aber Grundlagen der Naturwissenschaft.

TRUGEN DIE MENSCHEN FRÜHER AUCH SCHON BRILLEN?

Du wirst überrascht sein – ja, schon um 1275 berichtet der berühmte Händler und China-Reisende Marco Polo von Brillen in China. Benutzt wurden sie wohl schon um 800. Noch viel früher war die vergrößernde Funktion von Kristallen oder Lesesteinen bekannt, für Brillen genutzt wurde sie aber erst später.

Die ersten Brillen waren eher gerahmte Linsen an Schnüren. Um 1300 stellte dann auch ein Mönch in Italien selbstständig Brillen her. Anfangs gab es nur Brillen für Weitsichtige.

Das änderte sich im 16. Jahrhundert, ab da konnte auch den Kurzsichtigen geholfen werden. Die Bügel kamen dann im 18. Jahrhundert hinzu – und fertig war unsere moderne Brille!

VOR DEM ESSEN HÄNDE WASCHEN – WARUM EIGENTLICH?

Sich gerade vor dem Essen die Hände zu waschen, ist dringend notwendig, weil an ihnen Keime kleben – das sind Krankheitserreger. Hältst du dich zum Beispiel im Bus an der Haltestange fest, bleiben ganz viele von diesen Keimen an deiner Haut haften und du nimmst sie mit nach Hause. Das weiß man aber erst seit dem 19. Jahrhundert.

Vorher sind gerade in Krankenhäusern viele Patienten gestorben, weil sich Ärzte und Schwestern zwischen zwei Patienten nicht die Hände gewaschen haben und auch medizinische Geräte kaum gesäubert wurden.

Ein Waschgebot hat dann 1847 der Frauenarzt und Geburtshelfer Ignaz Semmelweis (1818–1865) eingeführt. Kurz darauf wies der Nobelpreisträger Robert Koch (1843–1910) Keime als Krankheitsverursacher nach.

KANN SCHIMMEL LEBEN RETTEN?

1928 machte der schottische Forscher Alexander Fleming (1881–1955) eine bahnbrechende Zufallsentdeckung.

Als er aus dem Urlaub zurückkam, waren einige Schalen, in denen sich Nährschichten befanden, mit Bakterien besiedelt. Nur eine nicht. Auf dieser hatte sich Schimmel gebildet und die Bakterien abgetötet.

Kurz darauf experimentierten er und zwei Kollegen mit diesen Schimmelpilzen an tödlich infizierten Mäusen, von denen einige tatsächlich überlebten. Das Antibiotikum Penicillin war entdeckt.

WER WAREN ROMEO UND JULIA?

Romeo und Julia, von denen du bestimmt schon einmal gehört hast, sind ein tragisches Liebespaar aus der Literatur.

Der Autor der Tragödie „Romeo und Julia“ war der Engländer William Shakespeare (1564–1616). Er veröffentlichte sein Stück 1597. Bis heute ist es eines der berühmtesten Werke Shakespeares und der ganzen Weltliteratur.

Warum, fragst du dich? Das Thema zweier Liebender, die durch unglückliche Umstände getrennt werden, gibt es sehr oft in der Kunst, weil es die Menschen früher und heute rührt.

WIE ALT SIND SPIEGEL?

Schon in der Steinzeit hat man spiegelnde Flächen, etwa ruhige Wasseroberflächen, benutzt, um sich selbst zu betrachten.

Die ersten bewusst produzierten Spiegel wurden tatsächlich schon 6000 vor Christus gebraucht. In Zentralanatolien (heutige Türkei) haben die Menschen poliertes Obsidian, ein vulkanisches Gesteinsglas, benutzt.

Und um 3000 vor Christus wurde in Ägypten poliertes Kupfer als Spiegelfläche verwendet. Glasspiegel, wie wir sie kennen, gibt es aber auch schon seit dem 2. Jahrhundert nach Christus.

IST GELD EINE MODERNE ERFINDUNG?

Ganz und gar nicht! Geld gibt es schon seit Menschen sesshaft sind und Handel miteinander treiben. Das bedeutet, dass ein Mensch zum Beispiel das Getreide, das er angebaut hat, gegen das Werkzeug tauscht, das ein anderer hergestellt hat.

Als das wegen der Unterschiedlichkeit der Waren nicht mehr gut funktionierte, wurden andere wertvolle Tauschmittel eingesetzt, zum Beispiel Edelmetalle oder Vieh. Das tat man schon 5000 vor Christus.

Im 7. Jahrhundert vor Christus wurden die ersten Münzen in Asien hergestellt. Über die antiken Griechen und Römer verbreiteten sich Münzen dann aber schnell in ganz Europa. Auch Papiergeld gibt es schon seit dem 11. Jahrhundert nach Christus.

SEIT WANN GIBT ES DEN OSTERHASEN?

An Ostern feiern die Christen die Auferstehung Jesu nach seinem Tod am Kreuz. Das Ei ist ein wichtiges Symbol dieser Auferstehung, denn es steht für neues Leben oder Wiedergeburt. Gefärbt und verziert wurden Eier schon lange vor dem christlichen Osterfest, weil sie gern zur Dekoration eingesetzt wurden.

Aber warum werden sie nun ausgerechnet von einem Hasen gebracht? Vermutlich waren Hasen das Symbol einer griechischen Fruchtbarkeitsgöttin. Das Frühlingsfest zu ihren Ehren hieß Ostara – siehst du die Gemeinsamkeiten? Weil Hasen sich gern vermehren, gelten sie als Symbol für Leben – das passt wieder zur Auferstehung von Jesus. Eier und Hasen stehen also für die Kraft des Lebens.

Die erste Erwähnung des seltsamen eierbringenden Hasen stammt aus dem Jahr 1682 – ein Arzt im Elsass warnte vor zu starkem Eierverzehr.

WOHER KOMMT DIE JEANS?

Welche Jeans die beste ist, ist Geschmackssache, aber welche die erste war, wissen wir: die Levi's! Der Namensgeber Levi Strauss (1829–1902) war ein Stoffhändler aus Deutschland, der in die USA ausgewandert war.

1852 ließ er aus einem festen Denim-Stoff, der eigentlich für Zeltplanen produziert wurde, Hosen für Goldgräber nähen und verstärkte sie später noch mit Nieten und Taschen. Diese Hosen hielten viel länger als andere Stoffhosen und wurden ein Verkaufshit!

WANN WURDEN U-BOOTE ERFUNDEN?

Erste Vorgänger unserer heutigen U-Boote gab es schon etwa im 4. Jahrhundert vor Christus. Der Feldherr Alexander der Große (356–323 vor Christus) tauchte angeblich mit einer sogenannten Tauchglocke.

1796 konstruierte der Amerikaner David Bushnell (1740–1824) nach vielen Zwischenstationen dann die Turtle, das offiziell erste U-Boot der Geschichte. Dieses wurde über eine Handkurbel mit zwei Schrauben komplett unter Wasser angetrieben.

WOMIT HABEN WIKINGER IHR GELD VERDIENT?

Wikinger hatten damals nicht den besten Ruf. Kannst du dir vorstellen, warum? Wikinger waren meist Männer, die sich mit Schiffen auf Raub- und Plünderzüge in ferne Länder begaben.

Ihre flachen, schnellen Schiffe waren perfekt für Blitzangriffe, bei denen sie häufig reiche und schlecht gesicherte Klöster oder Kirchen überfielen.

Skandinavien war ihre Heimat und dorthin kehrten sie mit reicher Beute zurück. Mit dem geraubten Geld, Schmuck, Vieh und allem anderen trieben sie danach oft Handel. Im 11. Jahrhundert endete die große Wikingerzeit.

Die berühmte Kukulkan-Pyramide in Chichén Itzá

BAUTEN NUR DIE ÄGYPTER PYRAMIDEN?

Ganz und gar nicht! Pyramiden kannst du überall finden und zwar quer durch die Geschichte. Die berühmtesten und auch ältesten sind die großen Grabmäler der Pharaonen Ägyptens. Ebenso eindrucksvoll sind die Pyramiden, die die Maya in Mittelamerika bauten.

Eines ihrer bedeutendsten Bauwerke, die Kukulkan-Pyramide, gehört zum UNESCO Weltkulturerbe und zeigt, dass diese Pyramiden samt den Tempeln obendrauf als religiöse Orte benutzt wurden. Auch ihre Sonnen- und Mondpyramide in Teotihuacán bestätigen dies.

In Mittelamerika findest du auch die größte Pyramide der Welt: Die Pyramide von Cholula misst 65 Meter in der Höhe und 400 Meter in der Breite! Auch in Rom und Griechenland gibt es alte Pyramiden.

SEIT WANN GIBT ES UHREN?

Stell dir vor, du müsstest jedes Mal, wenn du die Zeit wissen möchtest, erst den Stand der Sonne überprüfen. Das wäre ganz schön umständlich. Und was macht man bei Wolken? Sonnenuhren und auch Wasseruhren waren trotz einiger Unsicherheit die ersten richtigen Zeitmesser und existierten schon in der Antike.

Ab 900 nach Christus gab es auch Kerzenuhren – das waren Kerzen, die in einer bestimmten Dauer abbrannten und anhand ihrer Markierungen konnte man die abgelaufene Zeit ablesen. Frühe Sanduhren entstanden im 14. Jahrhundert und erst im 17. Jahrhundert gab es eine Uhr für unterwegs, die Taschenuhr.

1812 stellte Abraham Louis Breguet (1747–1823) dann die erste Armbanduhr für Damen vor, die erste Armbanduhr für Herren folgte erst 1904 und wurde von Louis Cartier (1875–1942) enworfen.

Bilderschrift der Ägypter

BESTEHT SCHRIFT IMMER AUS BUCHSTABEN?

Nein, denn schon bevor die Menschen schreiben konnten, malten sie. Deswegen sind die ersten Schriften sogenannte Bilderschriften, bei denen kleine Bilder und Symbole für das zu Bezeichnende stehen.

Weinen wird hier beispielsweise mit einem Auge und einer Träne dargestellt. Schon 3000 vor Christus wurden so wichtige Dinge festgehalten und auch heute gibt es Kulturen, die mit Bildern schreiben.

1500 vor Christus wurde das erste Alphabet erfunden. Alphabete beruhen darauf, dass man beim Schreiben ein Wort in Laute zerlegt und die Symbole für die Laute niederschreibt – das sind Buchstaben. Beim Lesen wandelt man die Symbole wieder in Laute zurück. Unsere heutige Schrift geht übrigens auf das griechische Alphabet aus dem 9. Jahrhundert zurück.

SEIT WANN KENNT MAN ANDERE GALAXIEN?

Galaxie – so nennt man eine Ansammlung sehr vieler Sterne und Planeten. Schon lange wissen Sternenforscher, dass es noch mehr im Weltraum gibt als unseren Planeten und unsere Milchstraße – so heißt die Galaxie, in der sich unsere Sonne mit ihren Planeten befindet.

Im 18. Jahrhundert entdeckte man dann in umliegenden Sternbildern einzelne helle Objekte, konnte aber nicht sagen, was das sein soll. Erst im Jahr 1923 kam der Astronom Edwin Powell Hubble (1889–1953) mit seinem Teleskop dahinter, dass unser benachbarter Andromedanebel eine eigene Galaxie mit Sternen und Planeten ist.

Bald darauf entdeckte Hubble noch viele andere Galaxien. Mittlerweile kennen wir Milliarden, aber es werden immer noch mehr gefunden.

WER ENTWICKELTE DEN KALENDER?

Kalender wurden notwendig, als die Menschen sesshaft wurden und Getreide anbauten. Denn für Ackerbau muss man feste Zeiten der Aussaat und Ernte haben.

Überall auf der Erde kann man daher frühe Kalender finden, die auf den Beobachtungen der Menschen zu den Jahreszeiten und Wetteränderungen beruhen und so die Zeit bestimmten. Einen einzigen Erfinder gibt es also nicht.

Bereits 3000 vor Christus fand die noch heute gebräuchliche Einteilung in sieben Tage für eine Woche und vier Wochen für einen Monat statt. Das hängt mit der Mondaktivität zusammen, denn die vier Mondphasen (Neumond, zunehmender Mond, Vollmond, abnehmender Mond) erstrecken sich auf 28 Tage – das ergibt also sieben Tage pro Woche.

Fast auf der ganzen Welt benutzen die Menschen heute den sogenannten Gregorianischen Kalender.

WAR ALCHEMIE WIRKLICH UNSINN?

Alchemisten nennt man Naturwissenschaftler aus alten Zeiten, die versuchten, Gold herzustellen und ewiges Leben zu erlangen. Sie taten aber viel mehr. Mit der Zeit sammelten sie umfangreiches Wissen in Chemie und Astronomie an und ihre Experimente und Erkenntnisse führten zur modernen Naturwissenschaft.

Und auch wenn sie nie Gold herstellen konnten (das kann nur abgebaut werden) oder Unsterblichkeit erreichten, verdanken wir ihnen viele Entdeckungen, zum Beispiel das Porzellan oder das Schwarzpulver in Europa.

Ein bekannter deutscher Alchimist war der Apotheker Hennig Brand (um 1630–1692). Er entdeckte 1669 den weißen Phosphor – erst dieser ermöglichte die Entwicklung von Streichhölzern.

SEIT WANN WIRD PARFÜM BENUTZT?

Schon in den Hochkulturen Ägyptens und Indiens war Parfüm bekannt, aber nicht für den Körper, sondern als Duftmischung für den Raum. Diese wurden Gräbern beigelegt oder waren Opfergaben an Götter.

Seit dem 16. Jahrhundert vor Christus nutzten die Ägypter diese Aromastoffe auch, um ihren Körper zu parfümieren. Von hier breitete sich das Parfüm nach Indien, Arabien und Rom aus.

Über die Kreuzzüge kamen die vielen duftenden Rohstoffe nach Europa und im 16. Jahrhundert nach Christus entstand in der französischen Stadt Grasse das europäische Parfüm-Zentrum.

SEIT WANN TRAGEN WIR KLEIDUNG?

Vermutlich trugen schon die Neandertaler vor 130.000 Jahren erste Vorläufer von Kleidung, nämlich unbearbeitete Tierfelle, zum Schutz vor Kälte und Regen.

In der Steinzeit, vor etwa 35.000 Jahren, begann dann die eigentliche Mode. Die Menschen trugen bearbeitete Felle, aber auch Stoffe aus Pflanzenfasern oder Baumrinden.

Bald darauf wurden auch Farben und Muster verwendet. Auch Accessoires wie Hüte, Knöpfe, Gürtel gehörten schon in der Steinzeit zum Outfit. Dafür benötigt man natürlich auch Nähnadeln – diese entstanden etwa 3000 vor Christus. Vorher benutzte man Fischgräten zum Nähen.

BENUTZTEN MENSCHEN SCHON IMMER BESTECK?

Na ja, vielleicht nicht schon immer, aber schon sehr lange. Unter den Fundstücken aus der Altsteinzeit befinden sich aus Holz geschnitzte Löffel. Ähnlich alt sind Messer, die jedoch nur zum Zerteilen der Nahrung benutzt wurden.

Erst in Rom um 90 vor Christus wurden Messer direkt als Esswerkzeug, zum Aufspießen von Fleisch, verwendet. Am neuesten sind Gabeln. Erst im 19. Jahrhundert setzte sich die Benutzung von Gabeln durch.

WAS GESCHAH IN DEN ANTIKEN AMPHITHEATERN?

Hast du schon vom gigantischen Kolosseum in Rom gehört? Das war eines der größten Bauwerke des Römischen Reiches und das größte Amphitheater dort. Die Römer nutzten es über 400 Jahre hinweg für grausame Spiele, die im Rahmen von Festlichkeiten stattfanden und das Volk köstlich unterhielten.

Am berühmtesten sind die Gladiatorenkämpfe. In diesen traten Männer gegeneinander an und bekämpfen sich auf Leben und Tod. Der Begriff Gladiator kommt von gladius – einem Kurzschwert. Anfangs waren diese Gladiatoren Sklaven und Gefangene, die gezwungen wurden zu kämpfen. Später wurde Gladiator aber zu einem richtigen Beruf, den freie Bürger trotz der großen Gefahren oft ergriffen, weil ihnen Ehre und sehr gute Verpflegung zuteilwurden.

Auch Tierhetzen, Tierkämpfe und Hinrichtungen fanden im Amphitheater statt. Damit das Volk nicht nur unterhalten, sondern auch versorgt war, gab es Wein, Würstchen mit Pinienkernen oder mit Honig glasierte Siebenschläfer.

WARUM WURDEN MENSCHEN AUF DEM SCHEITERHAUFEN VERBRANNT?

Das Verbrennen von Menschen, ebenso wie deren Ertränken, gehörte zu den Strafen für verurteilte Hexen und Hexer im Mittelalter.

Hauptsächlich von 1450 bis 1750 kam es zu einer europaweiten Hexen-Hysterie. Jeder konnte jeden anzeigen und bekam sogar Geld dafür. Dabei wirkte die christliche Kirche mit, weil die angeblichen Hexen an den Teufel anstatt an Gott glaubten.

Für die einmal angeklagten Menschen war es schwer, freigesprochen zu werden, da sie entweder unter Folter gestanden oder die vielen Hexenproben nicht überlebten.

Bis zu 60.000 Menschen, meist Frauen, wurden in dieser Zeit in Europa hingerichtet, viele mehr noch verurteilt und eingesperrt. In manchen Ländern werden heute noch sogenannte Hexen und Zauberer umgebracht.

SEIT WANN GIBT ES DAS BALLETT?

Im 15. und 16. Jahrhundert gab es Gesellschaftsspiele und auch Schauspiele, bei denen getanzt wurde. Aus diesen entstand im 16. Jahrhundert in Frankreich das Ballett.

Bis zum 17. Jahrhundert entwickelte sich diese Tanzform so weit, dass sie als eigenständig galt und auch außerhalb höfischer Veranstaltungen getanzt werden durfte. Nun war auch Frauen Ballett zu tanzen erlaubt.

Noch einmal 100 Jahre später entstanden dann die ersten Tänze, die durch eine Handlung zusammengehalten wurden, das Handlungsballett.

Eine Blütezeit erlebte das Ballett in der zweiten Hälfte des 19. Jahrhunderts in Russland, wo Meisterwerke wie „Schwanensee“ oder „Der Nussknacker“ entstanden.

WAS SPIELTEN DIE MENSCHEN FRÜHER?

In Ägypten wurden Schlangenspiele gefunden, die bereits 2800 vor Christus gespielt wurden. Diese dienten der Unterhaltung, aber auch religiösen Zwecken. Auch Lotto und Bingo sind schon sehr alt und wurden vor 2500 Jahren in China gespielt, um Geld für den Bau der Chinesischen Mauer zu bekommen.

Viele Spiele, die wir heute kennen und noch spielen, zum Beispiel Dame, stammen aus dem Mittelmeerraum. Andere gibt es auch schon sehr lange in Deutschland, etwa Kegeln oder Würfeln. Kinder spielten häufig mit Bällen und Holzfiguren und ab dem 11. Jahrhundert gab es Schach und andere Brettspiele zur Übung des Verstandes.

Puppen zum Spielen kamen erst ab dem 15. Jahrhundert langsam auf. Von da an entwickelte sich eine breite Spielzeugkultur für Kinder. Es entstanden Kreisel, das Seilspringen und Baukästen.

GAB ES DEN SÄNGER-WETTSTREIT AUF DER WARTBURG WIRKLICH?

Nein, die wichtigen Dichter jener Zeit kamen nie tatsächlich zusammen, erst recht nicht auf der Wartburg. Sie wurde zu jener Zeit vom Thüringer Landgrafen Ludwig IV. (1200–1227) und seiner Frau, der Heiligen Elisabeth (1207–1231), bewohnt. Die beiden liebten Musik und Literatur und förderten arme Künstler.

Um das zu loben, entstanden viele Lieder und Gedichte, die später in der Sammlung „Wartburgkrieg" zusammengefasst wurden.

Diese Gedichte wurden so berühmt, das viele sie abschrieben. Es entstanden später sogar Geschichten über den möglichen Hintergrund dieser Lieder – so entstand der Mythos eines wirklichen Sängerstreits auf der Burg.

Der Koloss von Rhodos

WAS SIND WELTWUNDER?

Schon 450 vor Christus wurde eine Liste mit den herausragendsten Bauwerken jener Zeit erstellt. Die berühmten sieben Weltwunder waren die Hängenden Gärten der Semiramis zu Babylon, der Koloss von Rhodos, das Grab des Königs Mausolos II. in Halikarnassos, der Leuchtturm auf der Insel Pharos vor Alexandria, die Pyramiden von Gizeh in Ägypten, der Tempel der Artemis in Ephesos und die Zeusstatue des Phidias von Olympia.

Von diesen Bauwerken existieren heute nur noch die Pyramiden von Gizeh, alle anderen wurden durch Erdbeben oder Kriege zerstört oder sind im Laufe der Zeit verfallen.

Warum gerade sieben Weltwunder? Sieben galt im antiken Griechenland, wo die Liste entstand, als vollkommene Zahl. Seit 2007 gibt es zwar eine Liste mit neuen sieben Weltwundern, aber anerkannt ist diese nicht.

WARUM WAR DIE PEST SO SCHRECKLICH?

Die Pest war eine weitreichende ansteckende Massenerkrankung in Europa zwischen 1347 und dem 17. Jahrhundert. Die Menschen damals glaubten, dass die Seuche eine Strafe Gottes sei.

Sie wussten nichts über Krankheitserreger wie wir heute. Denn eigentlich wird die Pest von Tieren, meist Ratten, auf den Menschen übertragen. Dafür sind die Flöhe verantwortlich.

Da die Menschen im Mittelalter nicht sehr reinlich waren und es kein Abwassersystem und keine Müllentsorgung gab, hatten sowohl die Ratten als auch die Flöhe viel Gelegenheit, sich auszubreiten. Hat sich ein Mensch einmal angesteckt, führt die Krankheit ohne Behandlung innerhalb einer Woche zum Tod.

In Europa war besonders die Beulenpest verbreitet, die den Beinamen Schwarzer Tod trug und viele Millionen Menschen umbrachte. Manchmal starben ganze Orte aus.

SEIT WANN GIBT ES WELTKARTEN?

Seit Menschen sich orientieren müssen und auch größere Strecken bewältigen, gibt es Karten. Die älteste wurde als Wandmalerei in einer Siedlung in der Türkei gefunden. Sie zeigt diese Siedlung in ihrem Zustand um 6200 vor Christus.

Eine der ältesten tragbaren Karten stammt aus dem dritten Jahrtausend vor Christus aus Mesopotamien und zeigt Flüsse, Berge und Städte dieser Region. Die Ägypter zeichneten auch schon Karten mit Goldminen auf Papyrus und seit den Griechen der Antike gibt es geografisch und historisch korrekte Karten.

Frija spinnt Wolken.

WIE SIND DIE NAMEN UNSERER WOCHENTAGE ENTSTANDEN?

Am Donnerstag gibt es Donner und am Freitag frei? So leicht ist es leider nicht. Mit der Einführung der Sieben-Tage-Woche in Germanien benannten die Germanen die Tage nach ihren Göttern.

So entstand der Monddag (Montag) als Tag des Mondes und der Tiusdag (Dienstag) als Tag des Gottes Tyr. Der Mittwoch war Wodan gewidmet und hieß Wodendag, bis die Christen ihn in Mittwoch umbenannten. Der Donarsdag, unser Donnerstag, wurde zu Ehren des Gottes Donar benannt, der tatsächlich der Wettergott war. Der Fridag (Freitag) ehrt die Göttin Frija, die Schutzherrin der Ehe und Mutterschaft, und der Soldag (Sonntag) Sol, die Sonne.

Während sich der Begriff Sonnabend schon auf den bevorstehenden Sonntag bezieht, da bei den Germanen ein Tag schon mit dem vorangehenden Abend begann, ehrt die christliche Bezeichnung Samstag den hebräischen Sabbat.

Julius Cäsar –
der Namensgeber unseres Juli

UND WOHER KOMMEN UNSERE MONATSNAMEN?

Während die Germanen die Tage umbenannten, behielten sie die Monatsnamen der Römer bei. Der Januar ist nach Janus, dem Gott des Ein- und Ausgangs benannt und der Februar nach dem Fest Februa, einem Reinigungsfest zum Jahresende, denn bei den Römern begann das Jahr mit dem März.

Der März ehrt den Kriegsgott Mars und das Wort April kommt von aperire – das bedeutet sich öffnen oder aufblühen. Der Frühlingsmonat Mai ehrt den Gott des Wachstums, Jupiter Maius, und der Juni die Göttin Juno, die der germanischen Frija entspricht.

Der Juli hieß eigentlich Quintilis (fünfter Monat), seit 44 nach Christus ist er aber nach dem Diktator Julius Cäsar (100–44 vor Christus) benannt. Nach Cäsar kam Augustus (63 vor Christus bis 14 nach Christus) an die Macht, nach ihm wurde der Monat August benannt.

September, Oktober, November und Dezember sind nach ihren Ziffern in der römischen Monatsreihenfolge benannt: septem heißt sieben, octo acht, novem neun und decem zehn.

WAS IST EINE BULLE?

Eine päpstliche Bulle ist ein besonderes Dokument, das wichtige Rechtsakte des Papstes verkündet, zum Beispiel Kreuzzüge oder die Gründung von Königreichen. Diese besondere Urkundenform bildete sich in ihrer heutigen Form erst im 13. Jahrhundert, aber ähnliche Dokumente gibt es schon aus dem Jahr 1059.

Seit dem 20. Jahrhundert gibt es weniger Bullen. Die letzte stammt von Papst Johannes Paul II. (1920–2005), der damit 1998 zum Großen Jubeljahr 2000 aufrief.

WARUM VEREHREN INDER KÜHE?

Kühe sind in Indien sehr nützlich. Ihre Milch ist ein wichtiges Nahrungsmittel, ihr Dung wird gleich dreifach – als Heizmittel, zum Hausbau und als Volksmedizin – eingesetzt. Kannst du dir vorstellen, dass die Kühe in Indien frei herumlaufen?

Nur deswegen sind sie aber nicht heilig. In der indischen Hauptreligion, dem Hinduismus, wird die Kuh als Mutter allen Lebens angesehen und ist deswegen unantastbar. Deswegen darf sie auch nicht gegessen werden.

WAS IST DER TAJ MAHAL?

Vielleicht hast du auf einem Foto schon einmal das riesige weiße Bauwerk gesehen und dich gewundert, was das ist? Man nennt es Taj Mahal (gesprochen: Tadsch Mahal) – das bedeutet Kronen-Palast. Er besteht aus reinem weißen Marmor, der dazu noch mit Edelsteinen verziert ist.

Und wer wohnt dort? Eigentlich niemand, denn der Taj Mahal ist ein Grabmal, gebaut von dem persischen König Jahan (1592–1666). Nachdem seine Frau Mumtaz Mahal (1593–1631) bei der Geburt ihres 14. Kindes starb, ließ er diese Grabmoschee für sie inmitten eines riesigen, prächtigen Parks erbauen.

Eine Moschee ist übrigens ein islamisches Gebetshaus. Sie ist bis heute erhalten und steht im Norden Indiens.

WAS IST EIN SAKRAMENT?

In der christlichen Religion bezeichnen die Sakramente die von Jesus Christus eingesetzten heiligen Zeichen der Gnade. Das sind bestimmte Riten (Handlungen), die den unsichtbaren Gott gegenwärtig machen und jeden an ihm teilhaben lassen.

Das klingt kompliziert, ist es aber gar nicht. Vor allem orthodoxe und römisch-katholische Christen glauben, Gottes Gnade durch die sieben Sakramente Taufe, Firmung, Eucharistie (Abendmahl), Bußsakrament, Krankensalbung, Priesterweihe und Ehe zu empfangen. Nur so können sie in den Himmel kommen.

Auch im Protestantismus gibt es Sakramente. Einige glauben an die drei Sakramente Taufe, Abendmahl und Beichte, andere nur an Taufe und Abendmahl, weil immer das sichtbare Zeichen, etwa Wasser oder Brot und Wein, dazugehört.

WAS IST EINE RELIQUIE?

Reliquie ist ein lateinisches Wort und bedeutet Überbleibsel. Gemeint sind damit Gegenstände religiöser Verehrung, zum Beispiel Körper und Körperteile von Heiligen oder Gegenstände aus deren Besitz. Diesen wird nämlich nachgesagt, in Verbindung mit Gebeten Wunder vollbringen zu können.

Aufbewahrt werden Knochen, Tücher und Ähnliches in besonderen Schreinen (Schränken), den sogenannten Reliquiaren. Manchmal sind diese sogar durchsichtig, damit jeder die Reliquie sehen kann, dann nennt man sie Monstranz.

Reliquien gibt es nicht nur im Christentum, sondern auch in einigen Formen des Islam, im Buddhismus und Shintoismus.

WAS IST EIN GEBET?

Ein Gebet ist in vielen Religionen eine Zuwendung zu Gott. Viele sprechen mit ihm/ihr oder berichten ihm/ihr, wie es ihnen geht und was sich in ihren Leben ändern soll. Viele bitten darum, dass Gott ihnen dabei hilft.

Das geht natürlich nur bei Religionen, die eine Gottheit haben. Im Buddhismus etwa gibt es keinen Gott. Hier sind die Gebete eher eine Meditation.

Jede Religion hat andere Vorstellungen von einem Gebet. In einigen Religionen betet jeder einzeln, in anderen wird in Gemeinschaft gebetet. Es gibt sehr persönliche Gebete oder schon fertige Texte, wie im Christentum das Vaterunser oder im Judentum das Schma Jisrael.

WAS IST EIN RITUAL?

Rituale kennst du sicher, manche vollziehen wir jeden Tag. Das glaubst du nicht? Rituale sind feste Handlungen, manche werden in feierlichem Rahmen ausgeführt, andere nicht, einige geschehen in religiösem, andere in weltlichem Zusammenhang.

Die Party zu deinem Geburtstag, deine Einschulung mit Schultüte, Hochzeiten, Beerdigungen … all das sind Rituale. Sie sollen das Gefühl der Verbundenheit stärken, zum Beispiel die Gemeinschaft der Christen in Gottesdiensten.

WAS IST EIN ATHEIST?

Im weitesten Sinne bezeichnet der Begriff Atheist einen Menschen, der nicht an einen Gott glaubt. Es gibt auch Menschen, die sagen, es gäbe überhaupt keinen Gott. Sie halten den Glauben an einen Gott sogar für schädlich – diese nennt man Antitheisten.

Das altgriechische Wort theos bedeutet Gott und je nach der Vorsilbe wird ausgedrückt, was der jeweilige Mensch glaubt und denkt oder auch nicht. A-Theist heißt: ohne Gott. Anti-Theist heißt: gegen Gott.

WAS SIND SEKTEN?

Ursprünglich bedeutete der Begriff Sekte lediglich, dass sich eine religiöse Gemeinschaft von der Mutterreligion losgelöst hat. Erst seit die christliche Kirche Sekten als Bedrohung und Irrlehre ansieht, wird er auch negativ verwendet. Richtiger wäre es heute, von Neuen Religionen zu sprechen.

Viele Sekten bildeten sich in den 1960er-Jahren als Gegenbewegung zu gesellschaftlichen Ansichten und Normen. Während einige von ihnen verfassungsfeindliche Ziele verfolgen und deswegen zum Beispiel in Deutschland staatlich überwacht werden, wie die umstrittene Scientology, sind andere völlig harmlos.

Viele Sekten üben psychischen Druck auf ihre Mitglieder aus.

Pilger in Mekka

WAS TUN PILGER?

Pilger sind Menschen, die aus religiösen Gründen an heilige Orte wandern, was man auch Wallfahrt nennt. Die größten Pilgerfahrten der Christen führen nach Rom und zur Basilika der Jungfrau von Guadalupe.

Muslime sollten einmal im Leben nach Mekka pilgern, der Geburtsstadt ihres Propheten Mohammed. Das ist eine der fünf Säulen ihren Glaubens, also so viel wie ein Gebot.

Da ein Pilger während seiner Wallfahrt aber natürlich nicht arbeiten und somit auch kein Geld verdienen kann, gilt dieses Gebot nur für die Muslime, die es sich leisten können.

WARUM SIND MUMIEN SO GUT ERHALTEN?

Die Körper Verstorbener zu erhalten, war im alten Ägypten so wichtig, weil man glaubte, dass die Seele tagsüber als Vogel herumflöge, nachts aber in den Körper zurückkehre.

Damit die Körper nicht verwesten, hatten die Ägypter eine spezielle Methode. Sie entfernten alle Eingeweide und füllten den leeren Körper mit Ölen und Gewürzen. Danach wurde der Körper für wenigstens zwei Monate in Salzlauge gelegt. Nach dem Trocknen wurde er fest in Bänder eingewickelt und in einen Holzsarg gelegt. Fertig war die Mumie!

Die älteste ägyptische Mumie ist übrigens mehr als 4000 Jahre alt, aber es gibt sogar noch ältere aus Libyen.

SIND DIE SCHÄTZE DER ÄGYPTISCHEN PYRAMIDEN TATSÄCHLICH VERFLUCHT?

Es ist recht unwahrscheinlich, dass die Grabbeigaben – meist reiche Schätze aus Gold und Edelsteinen – wirklich verflucht waren, aber wer weiß? Die Legende vom Fluch des Pharao entstand, als das Grab von Tutanchamun 1922 gefunden wurde.

Der Mann, der die Ausgrabung bezahlte, starb an einer Blutvergiftung. Danach folgten viele weitere mysteriöse Todesfälle an diesem Grab. Bis heute weiß man nicht, warum. Vielleicht ein Virus oder Schimmelpilze? Oder tatsächlich ein Fluch?

Totenmaske des Tutanchamun

WORAN GLAUBTEN DIE ALTEN ÄGYPTER?

Auch die Ägypter glaubten an Götter, insgesamt hatten sie im Laufe von rund 3500 Jahren über 1500 Götter. Diese hatten oft Tiergestalt, zum Beispiel die einer Kuh oder eines Falken, aber manchmal auch die Form von Menschen.

Die einzelnen Götter sollten verschiedene Dinge der Weltordnung darstellen, also Liebe, Krieg, Chaos, Ordnung, Familie ... Nur von wenigen ist Genaues bekannt. Einige der berühmtesten Götter der Ägypter sind Amun, Osiris und Isis, sie gehören zu den wenigen Hauptgöttern, die immer und überall angebetet wurden.

Darstellung von Isis und Osiris auf einer alten Papyrusrolle

WORAN GLAUBEN DIE INUIT?

Wie viele andere Jäger- und Sammler-Völker glaubten Inuit, dass die Natur und alle Gegenstände selbst eine Seele oder zumindest einer Seele ähnliche Eigenschaften besitzen. Als übergeordnetes, göttliches Wesen sahen sie die Natur an.

Die Seele eines Menschen galt als unsterblich, das heißt, sie lebte auch nach dem körperlichen Tod weiter, entweder über den Wolken oder unter der Meeresoberfläche. Die Inuit glaubten auch, dass die Seele durch andere Menschen und sogar Tiere hindurchwandern kann.

Neben der Natur und der Seele spielten Geister eine große Rolle im traditionellen Glauben der Inuit. Um Kontakt zu diesen Geistern herzustellen, brauchten sie einen Vermittler – den Schamanen. Um zum Beispiel Sedna, eine Meeresgöttin, die wichtig für die Jagd war, zu besänftigen, flehte der Schamane sie an, gnädig zu sein.

Unter den heutigen modernen Inuit gibt es diesen alten Glauben aber kaum noch, sie sind meist Christen.

WAS IST DER HEILIGE GRAL?

Der Heilige Gral ist ein geheimnisvoller Gegenstand, doch niemand weiß genau, wie er aussieht und ob es ihn gibt. Angeblich spendet er Glückseligkeit, ewige Jugend und Speisen in unendlicher Fülle.

Entstanden ist die Gralssage im 12. Jahrhundert mit der Artussage. Ritter Lanzelot von König Artus' Tafelrunde soll den Heiligen Gral gesucht haben, doch da nur Menschen mit reinem Herzen ihn finden können, blieb Lanzelots Suche erfolglos. Denn er liebte verbotenerweise die Königin.

Nach Lanzelot versuchten noch viele andere, den Gral zu finden. Auch heute noch handeln viele Bücher und Filme vom Heiligen Gral.

WAS ENTHÄLT DIE BÜCHSE DER PANDORA?

Bei den alten Griechen gab es eine Sage, laut der diese Büchse ein Geschenk des griechischen Gottes Zeus an die wunderschöne erste Menschenfrau mit dem Namen Pandora war. Er verbot ihr, die Dose jemals zu öffnen.

Aber sie oder ihr Mann taten es doch. So kamen die darin eingeschlossenen Plagen, also alles Schlechte und Böse, in die Welt. Bevor die Hoffnung aus der Dose entweichen konnte, schloss Pandora sie wieder und die Welt wurde ein trauriger, hoffnungsloser Ort. Also öffnete Pandora die Büchse erneut und ließ auch die Hoffnung hinaus.

Damit endete das Goldene Zeitalter, also die Zeit, in der die Erde von Krankheit, Arbeit und Tod verschont blieb.

WAS TATEN DIE DRUIDEN?

Druiden waren die Priester der Kelten, die vom 8. bis zum 1. Jahrhundert vor Christus in Europa lebten. Die Druiden gehörten der Adelsschicht an und studierten Philosophie und Religion, um später Bräuche und auch Opferrituale durchzuführen.

Daneben waren sie aber auch für Rechtsprechung und Astrologie, also Sternenbeobachtung und -deutung, zuständig. Einige von ihnen waren auch Ärzte und Politiker, die als Ratgeber der Herrscher arbeiteten und Frieden stifteten.

Was wir heute über die Druiden wissen, stammt aus den Schriften späterer Zeugen, zum Beispiel Julius Cäsar. Denn die Druiden selbst durften nichts aufschreiben, sie glaubten, dass die mündliche Weitergabe von Wissen wertvoller sei.

WAS IST STONEHENGE?

In früheren Zeiten glaubten einige, der Zauberer Merlin höchstpersönlich hätte das imposante Monument Stonehenge nach England versetzt, das stimmt aber nicht. Stonehenge bedeutet Hängesteine und ist ein Bauwerk, das etwa 3100 vor Christus zu bauen begonnen wurde, vielleicht sogar noch früher. Die Kelten, aus deren Zeit der Sage nach auch Merlin stammte, lebten aber später, sodass Merlin nichts mit Stonehenge zu tun haben kann.

Über vier Bauphasen hinweg entstand ein Steinkreis mit einer Grabenanlage. Wie diese einzelnen Steine aufgebaut wurden, richtete sich nach den Bewegungen von Sonne und Mond. Das heißt, schon sehr früh errechneten und beobachteten Menschen die Himmelskörper.

Daher glauben heute einige Forscher, dass Stonehenge als Kalender genutzt wurde. Andere glauben, dass es zur Ausübung der Religion gebraucht wurde. Eindeutig ist aber keine dieser Ideen.

WAS WAREN KREUZZÜGE?

Seit dem 7. Jahrhundert eroberten muslimische Herrscher christliche Gebiete in Asien, Afrika, Spanien und Portugal. Diese Gebiete zurückzuerobern, war der heilige Auftrag vieler Christen.

Nach einem Hilferuf des byzantinischen Kaisers Alexios I. Komnenos (1048–1118) forderte Papst Urban II. (1035–1099) 1095 die Christen zur Befreiung Jerusalems und des Heiligen Landes, das sind die Gebiete um Jerusalem herum, auf. Darauf folgte der erste Kreuzzug. In den nächsten 350 Jahren gab es sechs weitere.

Jerusalem – um diese Stadt zu befreien, zogen die Kreuzritter in den Kampf.

So kannst du dir die Kreuzritter auf ihren Kreuzzügen vorstellen.

WAS IST EIN GLAUBENSKRIEG?

Besonders Religionen mit nur einem Gott, zum Beispiel Christentum, Islam und Judentum, teilen die Menschen in zwei Gruppen ein – die Gläubigen, die ihr Seelenheil finden, und die Nicht-Gläubigen, die untergehen. Sie wollen die Nicht-Gläubigen überzeugen, ihrem Glauben zu folgen. Das nennt man Missionierung.

Ein Problem wird das dann, wenn mit der Religion politische Macht zusammenfällt. Dann kann nämlich aus der einfachen und friedlichen Missionierung ein wirklicher Krieg werden. Ein klassisches Beispiel sind die Kreuzzüge, die die Christen im Mittelalter gegen Nicht-Gläubige führten.

Buddhistische Mönche

WIE VIELE RELIGIONEN GIBT ES AUF DER WELT?

Genau lässt sich dies nicht sagen, aber eins weiß man: Es sind sehr viele! Die zehn größten sind heute: Christentum, Islam, Hinduismus, Buddhismus, Daoismus, Sikhismus, das Judentum, Bahai, Konfuzianismus und Shintoismus.

Erste religiöse Spuren gibt es seit etwa 40.000 vor Christus. Einige dieser uralten Religionen existieren noch, andere nicht mehr. Jede Religion gibt den Menschen vor, wie sie sich verhalten, handeln, fühlen und denken sollen, und prägt auch ihre Werte und Normen.

WAS IST DER ISLAM?

Der Islam ist nach dem Christentum die zweitgrößte Religion der Welt. Wie das Christentum und das Judentum ist auch der Islam eine sogenannte Offenbarungsreligion. Das bedeutet, dass man daran glaubt, dass der jeweilige Gott sich einem Propheten zu erkennen gegeben, also offenbart hat und dieser das Göttliche unter den Menschen verbreitet.

Der Prophet des Islam ist Mohammed, er wurde etwa 570 nach Christus in Mekka geboren. Seitdem gilt Mekka als heilige Pilgerstätte der Muslime – so nennt man die Gläubigen des Islam. Mohammed schrieb seine Offenbarungen im Koran nieder, das ist das heilige Buch der Muslime, das Gottes Wort enthält. Die Muslime glauben übrigens an den Gott Allah und ein islamisches Gotteshaus nennt man Moschee.

Die Grundlage dieser Religion sind die fünf Säulen, das sind die Grundpflichten jedes Einzelnen: das islamische Glaubensbekenntnis, das fünfmalige Gebet, die Almosensteuer, das Fasten im Ramadan, so nennt man den Fastenmonat der Muslime, die Pilgerfahrt nach Mekka.

Hier siehst du eine Moschee, so heißen die Kirchen der Muslime.

WER IST ZEUS?

Zeus ist der oberste Gott der Mythologie und Religion der alten Griechen. Er stand also über allen anderen.

Die Mythen erzählen, dass Zeus und seine Geschwister erst die Titanen, von denen sie geboren wurden, besiegen mussten, um die Herrschaft über die Erde übernehmen zu können. Nachdem das geschafft war, bezogen sie den Olymp, ein Gebirge in Griechenland.

Von hier aus herrschten sie über die Menschheit und hatten dabei ganz menschliche Züge. Zeus hatte eine Frau, Hera, die sehr eifersüchtig war, da Zeus ständig Affären mit anderen Göttinnen und auch Menschenfrauen hatte.

Um die Frauen zu überzeugen, verwandelte er sich oft in Tiere, beispielsweise Stiere oder Schwäne. So war Zeus Vater sehr vieler Kinder, unter anderem von dem berühmten Herkules, den du bestimmt auch kennst.

WER WAR NOSTRADAMUS?

Einige Menschen glauben, dass Nostradamus ein Weissager war. Er hinterließ unter anderem 952 vierzeilige Gedichte, die in verschlüsselter Sprache düstere Vorhersagen für die Zukunft bis ins Jahr 3797 machen.

Seine Anhänger sehen in diesen Vulkanausbrüche, Hungersnöte und Naturkatastrophen vorhergesagt. Diese konnten aber immer nur im Nachhinein identifiziert werden, niemandem gelang es bisher, konkrete Ereignisse im Voraus zu erkennen.

Deswegen verdächtigen ihn viele, ein Hochstapler gewesen zu sein. Denn eigentlich war er Apotheker, der Gesundheitsratschläge verfasste und Schriften über Kosmetik und Arzneimittel.

WER WAR BUDDHA?

Auf Buddha, dem Erleuchteten, basiert der Buddhismus. Er hieß eigentlich Siddhartha Gautama und war ein Adliger im alten Indien. Selbst glaubte er an den Hinduismus. Das bedeutet, er glaubte an die ständige Wiedergeburt. Diese endet erst, wenn jemand das sogenannte Nirwana erreicht, das Ende allen irdischen Lebens.

Buddha gelang es als bisher einzigem Menschen, schon zu Lebzeiten das Nirwana zu erreichen. Damit erlangte er vollkommene Weisheit und unendliches Mitgefühl mit allem Lebendigen.

Buddha (wörtlich: Erwachter) ist heute ein Ehrentitel, der sich auf dieses Erlebnis des Erwachens bezieht, das als Bodhi bezeichnet wird. Das zu erreichen, ist das Ziel des buddhistischen Glaubens.

GLAUBEN ALLE MENSCHEN AN GOTT?

Jede Religion hat ihre eigenen Götter und eigene Vorstellungen von ihnen. Das Christentum, das Judentum und der Islam gehen von nur einem Gott aus, aber dieser ist in jeder der Religionen ganz anders und heißt auch anders: Gott, Jahwe oder Allah.

Daneben gibt es aber viele Religionen, zum Beispiel bei Naturvölkern, die von mehreren Göttern ausgehen. Auch die alten Griechen und Römer glaubten an mehrere Götter.

Übrigens existieren auch Religionen, die von gar keinem Gott ausgehen, etwa der Buddhismus. Und schließlich gibt es Menschen ohne Religion, die nicht gläubig sind.

WAS IST KARMA?

Das Karma eines Menschen spielt im Hinduismus eine große Rolle. Du kannst dir das vorstellen wie ein Konto für gute und schlechte Taten. Tust du viele gute Taten, hast du ein gutes Karma, bei schlechten Taten hast du ein schlechtes Karma. Warum das wichtig ist?

Die Hindus glauben an Wiedergeburt. Beim Tod stirbt nur der Körper, die Seele wird in einem anderen Körper wiedergeboren. Als was man wiedergeboren wird – darüber entscheidet das Karma.

Hast du ein schlechtes Karma, wirst du vielleicht als Hund oder Schlange wiedergeboren. Bei gutem Karma darfst du als etwas Besseres zurückkehren, zum Beispiel als Priester oder Gelehrter.

WAS IST EIN AVATAR?

Vielleicht hast du schon einmal von dem Film „Avatar“ gehört – oder ihn sogar gesehen. Weißt du, was das Wort eigentlich bedeutet? Der Begriff stammt aus dem Hinduismus, der drittgrößten Religion der Welt.

Die Anhänger des Hinduismus glauben an Vishnu als das Göttliche. Immer wenn das Böse auf unserer Welt zu stark wird, kommt Vishnu auf die Erde.

Um sich hier bewegen zu können, braucht Vishnu aber eine bestimmte Gestalt, das sind die Avatara, also Körper, die von Vishnu benutzt werden. Insgesamt gibt es zehn verschiedene.

WAS IST EIN HOROSKOP?

Wirklich anerkannt sind Horoskope nicht, aber viele glauben dennoch daran. Anhand des Sternbildes, in dem die Sonne zum Zeitpunkt deiner Geburt stand, schließen Astrologen Rückschlüsse auf deinen Charakter, deine Stärken und deine Schwächen.

Die zwölf Sternbilder, die wir in der westlichen Welt heute kennen, ergeben sich aus der Bewegung der Sonne, die die Sternbilder im Laufe eines Jahres durchwandert. Demnach gibt es bei uns Widder, Stier, Zwillinge, Krebs, Löwe, Jungfrau, Waage, Skorpion, Schütze, Steinbock, Wassermann und Fische.

Aus dem Stand der Sterne und Planeten versuchen einige, abzulesen, was dir demnächst widerfahren wird – das kannst du dann als Horoskop in der Zeitung lesen.

WAS BAUEN DIE FREIMAURER?

Um die sogenannten Freimaurer gibt es immer wieder Rätsel und Legenden. Sie bilden eine Vereinigung, meistens von Männern, die sich regelmäßig trifft. Auf solchen Treffen – Logen genannt – planen die Mitglieder, wie sie ihre Ziele am besten durchsetzen können. Das sind zum Beispiel Freiheit, Gleichheit, Verständnis für andere und Menschlichkeit.

Niemand, der nicht Freimaurer ist, erfährt, was bei den Treffen besprochen wurde und wer alles dazugehört.

Diese Gruppe von Menschen, zu denen heute immerhin fünf Millionen Mitglieder gehören, gibt es schon seit 300 Jahren. Ursprünglich wurden die Freimaurer von englischen Steinmetzen gegründet. Deswegen findet man auf den vielen Bauwerken der Freimaurer auch Symbole der Steinmetze. Zu diesen Bauwerken gehören heute Museen, Hotels, Denkmäler und viele andere.

UM WAS KÄMPFTE DAS MÄDCHEN JOHANNA VON ORLÉANS?

Johanna von Orléans war eine französische Bauerntochter und lebte von etwa 1412 bis 1431, also zur Zeit des Hundertjährigen Krieges zwischen England und Frankreich. Sie soll göttliche Stimmen gehört und Erscheinungen von Heiligen gehabt haben. Diese befahlen ihr, Frankreich von den Engländern zu befreien, die Krieg, Armut und Hunger über das Land brachten.

Sie gehorchte den Stimmen und führte als 17-Jährige tatsächlich Männer in den Kampf. Das war für ein Mädchen höchst ungewöhnlich – wäre es auch heute noch. Aber sie hatte Erfolg und befreite Orléans von den Engländern. Seitdem wird sie als Heldin verehrt.

GAB ES TATSÄCHLICH EINE PÄPSTIN?

Mit großer Sicherheit gab es nie eine Frau auf dem Papststuhl. Trotzdem entstanden im 13. Jahrhundert plötzlich viele Legenden um eine Frau, die irgendwann zwischen dem 9. und 11. Jahrhundert Päpstin gewesen sein soll.

Das war und ist aber verboten. Ein Mönch war der Erste, der in seiner geschichtlichen Aufzeichnung von einer Päpstin berichtet, er nennt aber keine Quellen.

Historiker gehen davon aus, dass der Mönch eigentlich nur einen sehr weiblichen, schwachen Papst in diesem Bericht verspottete. Dass es wirklich eine Frau als Päpstin gab, ist unwahrscheinlich, da es keinerlei Beweise gibt. Einmal in Umlauf, verbreitete sich die Geschichte aber schnell, und weil es so wenig Informationen gab, schmückten die Menschen sie aus.

GIBT ES WEISSE FRAUEN?

Die Legende von der Weißen Frau gibt es schon sehr lange. Angeblich sind Weiße Frauen weiß gekleidete Geister, die in Schlössern oder auf Anwesen wandeln und diejenigen, die sie sehen können, vor Gefahr warnen.

Meist gehen sie auf Frauen einer bestimmten Familie zurück. In Deutschland soll es in der Familie der Hohenzollern eine Weiße Frau geben, wobei aber unklar ist, wer sie ist. Vermutet wird Kunigunde von der Plassenburg, wo die Weiße Frau zum ersten Mal gesichtet wurde.

Seit Ende des 16. Jahrhunderts erscheint sie angeblich regelmäßig den Familienmitgliedern in verschiedenen Schlössern. Sie ist also eine Art guter Geist der Familie.

Fürst Vlad III. Drăculea

GAB ES GRAF DRACULA WIRKLICH?

Ja und nein. Den Graf Dracula, der tagsüber in einem Sarg schläft und nachts herauskommt, um Menschenblut auszusaugen – den gibt es nicht. Er ist eine Erfindung von dem Schriftsteller Bram Stoker (1847–1912). Sein Roman „Dracula" erschien 1897 und wurde weltberühmt.

Als Vorbild diente ihm aber eine reale Person – Fürst Vlad III. Drăculea (etwa 1431–1477). Er war ein grausamer Herrscher in Transsilvanien, dem heutigen Rumänien, und berühmt für seine schrecklichen Hinrichtungen.

WIESO VERKLEIDEN SICH KINDER ZU HALLOWEEN?

Die Halloween-Tradition, die wir heute aus den USA kennen, stammt eigentlich von den Kelten. Sie glaubten, dass die Seelen der Verstorbenen am letzen Tag des Jahres – das war bei ihnen der 31. Oktober – als Geister zurückkehren.

Um die Geister zu erschrecken, verkleideten sich die Kelten mit Tierfellen und -köpfen. Da sie sie aber trotzdem nicht verärgern wollten, stellten sie vor ihren Häusern kleine Geschenke auf. Diese Traditionen wurden von irischen Einwanderern in die USA gebracht.

Aber woher kommt nun der seltsame Name Halloween? Ganz einfach: Die Christen feiern den 1. November (Allerheiligen) als Tag zum Gedenken der Heiligen. Halloween = All Hallows Eve, das heißt auf Deutsch: Vorabend von Allerheiligen.

WIE SIEHT DER TEUFEL AUS?

Der Teufel, auch bekannt als Satan, Luzifer oder Leibhaftiger, war in den christlichen Vorstellungen des Mittelalters ein Engel. Als er sich gegen Gott auflehnte, wurde er aus dem Himmelreich verstoßen.

Daraufhin wandte er sich dem Bösen zu und versucht bis heute, die Menschen vom göttlichen Weg abzubringen. Dafür tritt er in allen möglichen Gestalten auf, so sind Sagen mit ihm als Ziegenbock oder Rabe bekannt, manchmal ist er ein Mensch, hat aber Hörner oder Hufe.

MUSS DENN MEIN TOAST IMMER AUF DIE MARMELADENSEITE FALLEN?

Nein, nicht zwangsläufig. Egal, ob dein Toast mit Butter, Marmelade oder Schokocreme bestrichen ist, durch die schwerere Oberseite beginnt das Brot, sich im Flug zu drehen. Wie es landet, hängt von der Flughöhe ab.

Ein normaler Tisch ist zirka 77 Zentimeter hoch – bei der Höhe schafft dein Brot eine Umdrehung von 180 Grad. Damit landet es auf der bestrichenen Seite.

Wäre dein Tisch 122 Zentimeter hoch, hätte es Zeit für eine ganze Runde, also 360 Grad, um wieder auf der Unterseite zu landen.

WARUM MESSEN SEEMÄNNER DIE GESCHWINDIGKEIT IN KNOTEN?

In früheren Zeiten, als es noch keine Tachos gab, mussten die Seeleute dennoch wissen, wie schnell ihr Schiff fuhr. Dafür entwickelten sie ihre eigene Methode. Nachdem sie in eine sehr lange Leine in regelmäßigen Abständen Knoten gemacht hatten, befestigten sie diese an einem Schiffsmast und das andere Ende an einem Brett.

Am hinteren Teil des Schiffes, dem Heck, wurde das Brett am Seil dann ins Wasser gelassen. Durch die Fahrt des Schiffes wurde das Brett im Wasser nach hinten gezogen und immer mehr von dem daran befestigten Seil glitt ins Wasser. Ein Matrose musste dabei das Seil die ganze Zeit locker festhalten und die Knoten zählen, die ihm in einer bestimmten Zeit durch die Finger rutschten.

So wird das heute nicht mehr gemacht, aber die Bezeichnung Knoten für die Geschwindigkeit ist geblieben. Ein Knoten entspricht einer Seemeile pro Stunde, eine Seemeile sind 1852 Meter.

WIESO SCHÜTTELN WIR UNS ZUR BEGRÜSSUNG DIE HÄNDE?

Der Vorläufer des Händeschüttelns ist das Winken, mit dem angezeigt wurde, dass die Personen keine Waffen in den Händen halten.

Auch das Händeschütteln hatte diese Funktion, war darüber hinaus aber ein Zeichen der Eintracht. Deswegen lassen sich auch Politiker verschiedener Länder heute oft während eines Händedrucks fotografieren.

Andere Kulturen machen es anders: In Japan verbeugt man sich, in Russland küsst man sich auf den Mund und die Inuit auf Grönland reiben ihre Nasen aneinander.

WAS IST BAUCHTANZ?

Bauchtanz heißt offiziell Orientalischer Tanz – das ist ein Volkstanz, der von Frauen in traditionellen Kostümen zu orientalischer Musik aufgeführt wird. Je nach Region gibt es verschiedene Bewegungen zu unterschiedlicher Musik.

Das, was wir heute in Westeuropa unter Bauchtanz verstehen, stammt aus Ägypten. Die Bewegungen kommen aus Taille und Hüfte und wirken schlangenhaft. So werden kleine Schellen und Zimbeln an Hüfte und Oberteil der Tänzerin zum Klingen gebracht.

GIBT ES DIE STIMME AUS DEM BAUCH?

Nein, selbst sogenannte Bauchredner reden nicht mit dem Bauch, es kommt uns nur so vor, weil sich beim Sprechen ihr Mund nicht bewegt.

Das schaffen sie durch einen Trick: Sie ersetzen die Lippenbewegungen durch besonderen Einsatz von Zunge und Zähnen.

Das kannst du ja selbst einmal probieren: Setz einfach die Oberzähne leicht auf die Unterlippe und versuche, Worte zu sprechen, ohne deine Lippen zu bewegen.

WIESO KLEBT KLEBER NICHT SCHON IN DER TUBE?

Kennst du das? Du brauchst dringend Klebstoff und findest eine alte Tube, die nicht richtig verschlossen wurde – der Klebstoff ist fest geworden und nicht mehr zu benutzen. Das liegt daran, dass Luft in die Tube gelangt ist. Und erst in Kontakt mit Luft klebt Klebstoff. Wie das funktioniert?

Da gibt es zwei Möglichkeiten: Entweder verbindet sich der Klebstoff mit Stoffen aus der Luft oder das Lösungsmittel, das den Kleber flüssig hält, verdampft und der Kleber härtet aus. Solange Klebstoff also luftdicht verschlossen ist, kann er nicht in der Tube festkleben.

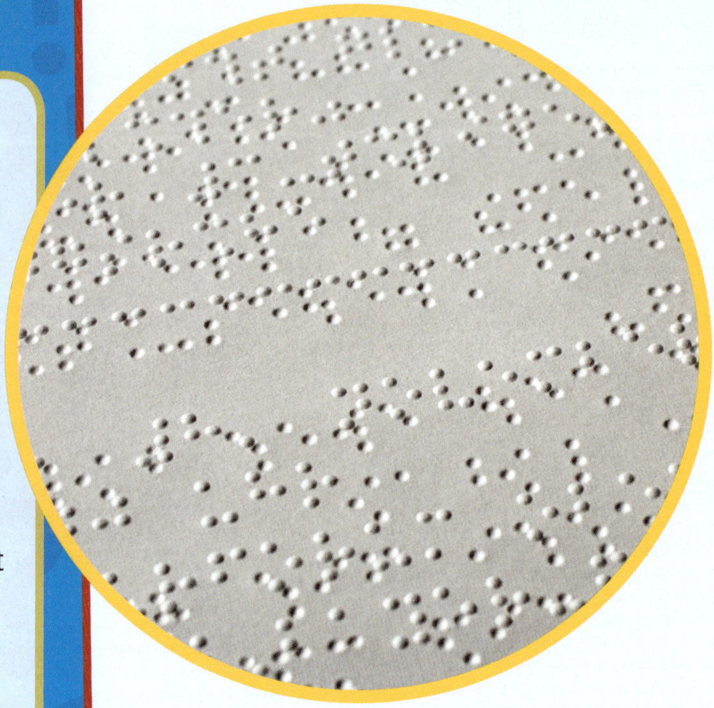

KÖNNEN BLINDE NIE BÜCHER LESEN?

Doch, glücklicherweise können sie das, aber natürlich nicht mit den Augen, sondern mit ihren Händen. Dafür hat der selbst erblindete Franzose Louis Braille (1809–1852) eine Schrift erfunden, die Blinde ertasten können. Zugrunde legte er die Nachtschrift des Militärs, die aus komplizierten Punkten und Strichen bestand und von den Soldaten ebenfalls ertastet wurde.

Dieses System vereinfachte Braille 1825 und reduzierte die Zahl der Punkte pro Zeichen auf sechs. Die Anerkennung für den zu dem Zeitpunkt 16-Jährigen blieb lange aus. Erst 1850 wurde die Schrift offiziell für den Unterricht an Blindenschulen eingeführt.

WIESO SIND KIRCHENMÄUSE ÄRMER ALS ANDERE?

Früher gab es noch viel mehr Mäuse als heute, sie lebten überall. Besonders gern in den Speisekammern von Häusern, wo viele Lebensmittel lagerten.

In Kirchen allerdings gab es keine Speisekammern, schließlich wohnten dort keine Menschen. In Kirchen fanden die Mäuse also weniger zu fressen – deswegen sagen wir heute, jemand sei „arm wie eine Kirchenmaus“, wenn er nichts besitzt.

WAS BRINGT UNS AN FREITAG, DEM 13. SOLCHES PECH?

Freitag der 13. gilt als Unglückstag. Dabei besagen Statistiken, dass an diesem Tag nicht mehr Schlechtes passiert als an anderen Tagen, sogar weniger! Woher kommt also die Angst vor diesem Tag?

Die Christen sehen die Zahl Zwölf als heilig an, die 13 hingegen als teuflisch. Außerdem ist der Freitag für Katholiken ein Trauertag, da Jesus an Karfreitag gekreuzigt wurde.

In anderen Religionen und Kulturen ist das aber ganz anders: Für die Juden zum Beispiel ist die 13 eine göttliche Zahl, für Protestanten der Freitag ein Glückstag und für Spanier Dienstag der 13. Unheil bringend.

WARUM BRINGEN HUFEISEN GLÜCK?

Dieser Aberglaube beruht auf alten Bräuchen, besonders im deutschen Sprachraum. Da Eisen im Mittelalter sehr teuer war und Hufeisen mühsam geformt werden mussten, galt derjenige, der ein solches fand, als Glückspilz.

Die Betonung liegt hier auf finden, nur so bringen sie wirklich Glück. Hängt man Hufeisen mit der Öffnung nach oben über einer Tür oder an einem Deckenbalken auf, fungieren sie als Pforte, durch die das Glück eintritt, aber nicht mehr auslaufen kann.

WAS TUN GEHEIMDIENSTE?

Geheimdienste sind Behörden, die Angaben über die außen-, innen- und sicherheitspolitische Lage ihres Landes sammeln und auswerten. Sie beschaffen also Informationen über die Bürger ihres Landes oder über geheime militärische und politische Pläne anderer Länder. Die Geheimdienste versuchen außerdem, Spione abzuwehren.

In Amerika heißt der Geheimdienst Central Intelligence Agency (CIA), in England ist es der MI6, auch Secret Service genannt. In Deutschland gibt es drei Geheimdienste, der bekannteste ist der Bundesnachrichtendienst (BND).

Zahlreiche Geheimdienste verfügen daneben auch über Abteilungen zur Durchführung verdeckter Operationen.

WAS MACHT EIN SPION?

Spione sorgen für die Beschaffung geheimer Informationen oder geschützten Wissens, ohne dass das jemand merkt. Auftraggeber der Spione sind Staaten, politische Gruppen oder auch Wirtschaftsunternehmen. Diese Informationen werden dann wirtschaftlich, politisch oder militärisch benutzt.

Gerade Industriespionage ist ein großes Problem, da zum Beispiel Technologien oder Rezepturen des einen Unternehmens gestohlen und von einem anderen kopiert werden.

Je mehr technische Möglichkeiten es gibt, desto leichter wird auch Spionage: Zum Beispiel gibt es Handyprogramme zum Abhören der Gespräche und Speichern der Nutzungen.

BLUTEN SCHAUSPIELER IN FILMEN WIRKLICH?

Nein, da brauchst du dir keine Sorgen zu machen. Dafür gibt es Filmblut – das ist einfach rote Flüssigkeit, die aussieht wie echtes Blut. Wenn der Schauspieler aus dem Mund bluten soll, beißt er auf eine kleine Kapsel mit dieser Farbe.

Hat er eine große Verletzung, wird das Blut aus einem kleinen Schlauch gepumpt, der unter der aufgeschminkten Wunde befestigt ist. Wenn man kleine Blutpolster unter der Kleidung zum Platzen bringt, wirken sogar Schussverletzungen echt.

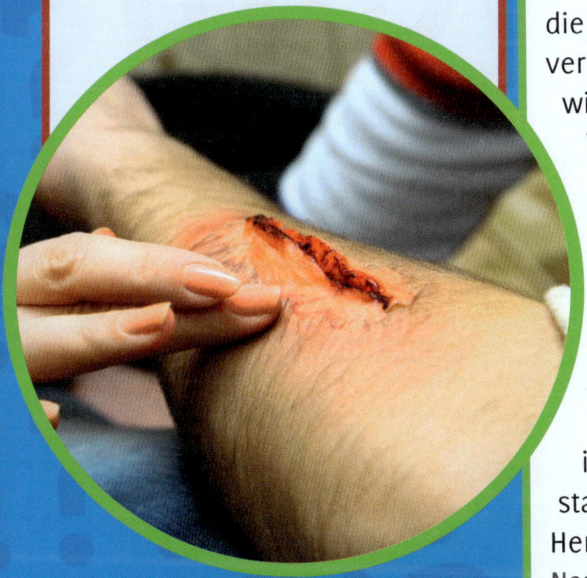

WIE KAM DER OSCAR ZU SEINEM NAMEN?

Eigentlich heißt der Oscar ja Academy Award of Merit – klingt nicht so schön, oder? Er wird seit 1929 jedes Jahr für die besten Filme des Vorjahres verliehen und ist einer der wichtigsten Filmpreise der Welt. Aber wieso ist er schon seit 1931 als Oscar bekannt?

Genau kann man das nicht mehr sagen, aber am wahrscheinlichsten ist die damalige Vorstandssekretärin, Margaret Herrick (1902–1976), die Namenspatin. Als sie die Statue zum ersten Mal sah, soll sie gesagt haben: „Der sieht ja aus wie mein Onkel Oscar!“

WOZU GIBT ES DROGEN?

Ursprünglich waren Drogen mal Heilmittel. Das sieht man heute noch daran, dass mit dem englischen Wort drugs keine Drogen, sondern Medikamente gemeint sind. Bei uns meint das Wort meist Stoffe, die süchtig machen.

Einige davon, wie Alkohol und Zigaretten, sind gesetzlich erlaubt, weil man von ihnen nur langsam süchtig wird und sie nicht so gefährlich sind.

Die meisten sind aber verboten, weil man von ihnen sehr schnell süchtig wird und auch krank. Dazu gehören neben vielen anderen zum Beispiel Heroin oder Kokain.

IST DAS WETTER AM WOCHENENDE SCHLECHTER ALS IN DER WOCHE?

In der Tat! Schuld daran haben wir aber selbst. Von Montag bis Freitag werden viel mehr Abgase ausgestoßen, Räume in Schulen und Unternehmen müssen beheizt werden, die Autos rollen massenhaft und die Fabriken stoßen auch schädliche Gase aus.

All diese Abgase heizen die Erdatmosphäre auf und es wird wärmer. Damit sinkt die Regenwahrscheinlichkeit. Wird es am Wochenende kühler, weil weniger Abgase abgegeben werden, wird es auch nasser. Tatsächlich ist Sonntag oft der kälteste Tag der Woche.

WIESO WIRD DIE UHR IM SOMMER VORGESTELLT?

Du weißt sicher, dass zum Sommer hin alle Uhren um eine Stunde vorgestellt und zum Winter wieder zurückgestellt werden. Die sogenannte Winterzeit ist die Normalzeit.

Im Sommer wird die Zeit verändert, damit die Wachphase des Menschen mit der Phase des Tageslichtes zusammenfällt. Und warum? Ganz einfach: Um Energie zu sparen. Die Idee hatte schon Benjamin Franklin (1706–1790) im Jahre 1784.

In Deutschland, Österreich-Ungarn, Großbritannien und Irland wurde diese Idee während des Ersten Weltkrieges in die Tat umgesetzt. Wegen des Zweiten Weltkrieges und den politischen Turbulenzen in der Zeit danach wurde das aber unterbrochen. Erst seit 1996 haben alle Länder Europas eine einheitliche Sommerzeit.

WIE SAH DIE WELT DER GERMANEN AUS?

Die Germanen glaubten, dass die Welt ein Baum sei – der Weltenbaum. An den Wurzeln unter der Erdoberfläche befinde sich das Totenreich.

Darüber, um den Stamm herum, sei die Menschenwelt und ganz oben, in der Krone des Baumes, das Reich der Götter – Asen genannt.

Der oberste Gott, Schutzgott der Fürsten und Krieger, Gott der Toten und Herr des Sturmes, war Wotan. Die Nordgermanen nannten ihn Odin.

Darstellung von Odin auf seinem Thron

WAS TATEN DIE VANDALEN?

Das Wort klingt etwas seltsam, es kommt von beweglich oder wandelbar. Vandalen, oft auch Wandalen geschrieben, waren mehrere ostgermanische Völker. Zuerst lebten sie in Nordgermanien, dann wanderten sie nach Spanien, später nach Nordafrika.

Hier gab es eine reiche römische Provinz, Africa, die die Vandalen eroberten. Später nahmen sie noch weitere Gebiete ein und eroberten selbst eine der größten Städte des Römischen Reiches, Karthago.

Die Römer gingen, um weitere Verluste zu vermeiden, Bündnisse mit den Vandalen ein. Nachdem sie selbst die römische Armee und Seeflotte stark beschädigten, wurde ihr Reich 534 zerstört.

HAT KÖNIG ARTUS WIRKLICH GELEBT?

Sicher ist das nicht. Falls er gelebt hat, könnte er ein britischer Heerführer um 500 nach Christus gewesen sein. Denn die Sage beinhaltet, dass Artus die Angelsachsen dieser Zeit in zwölf Schlachten besiegt hat.

Da es damals keine Bücher gab, wurden Geschichten mündlich immer weiter getragen. So geschah es auch mit Artus' Erfolgen, die immer weiter ausgeschmückt wurden und so ständig großartigere und glanzvollere Gestalten annahmen.

Der Sage nach gelang es nur König Artus, das verzauberte Schwert Excalibur aus dem Stein zu ziehen.

WER WAR DSCHINGIS KHAN?

Khan ist der mongolische Begriff für einen Führer und Dschingis Khan war der größte mongolische Herrscher. Er lebte von rund 1155 bis 1227. Ihm gelang es, für einige Zeit die einzelnen mongolischen Stämme, die sich bekämpften, zu vereinen.

Gemeinsam gingen sie dann auf grausame Raubzüge gegen ihre Nachbarvölker. So häufte Dschingis Khan Reichtümer an und dehnte das Mongolische Reich von China bis Europa aus.

WER WAR NAPOLEON?

Den Namen kennst du sicher, aber wofür ist dieser Napoleon eigentlich berühmt?

Sein voller Name ist Napoleon Bonaparte und er lebte von 1769 bis 1821. Von 1799 bis 1804 regierte er Frankreich als Konsul, das ist eine Art oberster Vertreter des Staates. Danach ernannte er sich zum Kaiser der Franzosen und regierte noch einmal bis 1814.

Während seiner Regierungszeit schaffte er es, durch Feldzüge viele Teile Europas zu erobern. Als seine Macht schwand, verbannte man ihn auf die Insel St. Helena, wo er 1821 starb.

WIE VIELE KÖNIGINNEN TRUGEN DEN BEINAMEN „DIE GROSSE“?

Nur eine! Und zwar war dies die russische Zarin (= Kaiserin) Katharina II. Geboren wurde sie 1729 als Prinzessin Sophie Auguste Friederike von Anhalt-Zerbst-Dornburg. Sie heiratete den russischen Thronfolger Peter III. und kam so an den russischen Zarenhof.

Nachdem ihr Mann einige schwere politische Fehler begangen hatte, ließen Katharina und ihre Verbündeten ihn festnehmen und hinrichten. Daraufhin wurde Katharina selbst zur Kaiserin Russlands und regierte 34 Jahre lang, bis sie 1796 starb.

WER WAR DIE BLOODY MARY?

Bloody Mary ist heute der Spitzname der englischen Königin Maria I. Sie lebte von 1516 bis 1558 und war von 1553 bis zu ihrem Tod die erste Königin von England und Irland.

Bloody bedeutet blutig auf Englisch. Diesen Beinamen bekam sie, weil sie viele Protestanten hinrichten ließ, um den Katholizismus als Staatsreligion durchzusetzen.

Ihr Vater, der König Heinrich VIII. (1491–1547), hatte nämlich eine eigene Religion gegründet, die anglikanische Kirche, und damit den katholischen Glauben abgesetzt. Mary, die selbst sehr katholisch war, wollte dies rückgängig machen und bestrafte die Gläubigen anderer Religionen.

WER IST DIE „GROSSMUTTER EUROPAS“?

Queen Victoria war eine mächtige Königin des 19. Jahrhunderts. Sie lebte von 1819 bis 1901 und regierte fast 64 Jahre lang England und Irland, so lange wie kein anderer Monarch Großbritanniens. Weil sie so lange an der Macht war, heißt diese Zeit auch das Viktorianische Zeitalter.

Ihr blühendes Königreich war zu der Zeit so groß, dass sie über ein Fünftel der Erde beherrschte und immerhin ein Drittel der Weltbevölkerung.

Wegen ihrer neun Kinder, 40 Enkel und 88 Urenkel, die mittlerweile in alle Länder Europas verstreut sind, gilt sie als „Großmutter Europas“. Immerhin zählen heute acht europäische Könige und Königinnen zu ihren Nachkommen.

WELCHES WAR DER LÄNGSTE KRIEG DER GESCHICHTE?

Rein zahlenmäßig war das der Hundertjährige Krieg zwischen England und Frankreich, der von 1337 bis 1453 ging, aber kein durchgängiger Krieg war, sondern im Nachhinein so zusammengefasst wird. Der Begriff umfasst die Zeit, in der englische Könige bemüht waren, ihre Ansprüche auf den französischen Thron mit Waffengewalt durchzusetzen.

WAS WAR DER DREISSIGJÄHRIGE KRIEG?

Der Dreißigjährige Krieg dauerte von 1618 bis 1648 und war eine der größten Katastrophen in Westeuropa. Allerdings war er kein durchgängiger Krieg, sondern mehrere hintereinander. Die Zeiten zwischen den Kampfhandlungen waren aber so kurz, dass man alle zu einem dreißig Jahre anhaltenden Krieg zusammenfasst.

Ursache waren Streitigkeiten zwischen den Katholiken und Protestanten. Später waren die einzelnen Herrscher sich nicht einig darüber, wie die Macht in Europa verteilt sein sollte. Deshalb führten sie die Kämpfe weiter.

Der Westfälische Frieden beendete diesen Krieg, der zwei Drittel der damaligen Bevölkerung tötete. Die Menschen starben aber nicht alle durch die Kämpfe, sondern hauptsächlich durch Hungersnöte, Seuchen sowie plündernde und mordende Soldaten.

WAS SAGT MIR KNIGGE?

Wenn du heute einen sogenannten Knigge kaufst, erhältst du Anleitungen für das richtige Benehmen in allen Lebenslagen. Dabei war der Namensgeber, Freiherr Adolph Knigge (1752–1796), gar kein Experte für Benimmregeln und wollte auch gar nicht deren Wächter sein.

In seinem Buch „Über den Umgang mit Menschen" schrieb er darüber, wie man mit anderen Menschen zusammenleben kann und sich in der Gesellschaft bewegt.

Um das Eindecken eines Tisches etwa ging es dabei jedoch nicht. Erst nach seinem Tod wurde das Werk so oft und lange verändert, bis es heute zu einem Benimmratgeber geworden ist.

WAS IST DER JAKOBSWEG?

Der Jakobsweg ist ein Pilgerweg zum Grab des Apostels Jakobus in Santiago de Compostela in Spanien. Jakobus soll das Christentum nach Spanien gebracht haben und wird deswegen dort verehrt. Etwa um 930 waren zum ersten Mal Pilger auf dieser Strecke unterwegs.

Neben Rom und Jerusalem wurde Santiago zum häufigsten Ziel von Pilgern. Allein 2011 waren 183.366 Pilger auf dem Jakobsweg unterwegs.

Neben dem Hauptweg in Spanien gibt es vier offizielle Nebenwege in Frankreich und zahlreiche weitere Straßen in verschiedenen Ländern, aber nur der spanische Teil der Strecke darf Jakobsweg oder auch Sternenweg genannt werden.

EXISTIEREN ALIENS WIRKLICH?

Alien ist ein Begriff für Außerirdische. Ob es sie wirklich gibt oder nicht, weiß man nicht. Ausgeschlossen ist es definitiv nicht, denn das Universum ist unendlich groß und in ihm gibt es unzählige Galaxien, das sind Zusammenschlüsse von Sternen, Sonnen und Planeten, von denen wir längst nicht alle kennen.

Vielleicht gibt es außerirdisches Leben auf einem Planeten, den wir noch nicht entdeckt haben. Oder vielleicht erkennen wir die Außerirdischen nur nicht, weil sie so anders aussehen als wir?

WOHER KOMMEN MÄRCHEN?

Kennst du die Grimmschen Märchen? Vielleicht denkst du, dass die Märchen von einem Herrn Grimm sind? Das stimmt fast. Die Grimms waren die Brüder Jacob (1785–1863) und Wilhelm (1786–1859), die im 18. Jahrhundert lebten und Professoren in Göttingen waren. Sie sammelten Märchen!

Dazu reisten sie quer durch Deutschland und ließen sich alte Märchen erzählen, die sie dann aufschrieben. Denn die Märchen stammen noch aus einer Zeit, als Geschichten mündlich weitergegeben wurden.

Märchen gab und gibt es aber überall, deswegen kennen wir auch die Märchen des Dänen Hans Christian Andersen (1805–1875) oder die arabische Sammlung „Tausendundeine Nacht“.

WIE WERDE ICH PRINZ ODER PRINZESSIN?

So einfach kannst du leider nicht Prinz oder Prinzessin werden. Dazu musst du schon als solcher oder solche geboren werden, also das Kind eines Königs oder einer Königin sein. In den meisten Monarchien geht es aber auch, dass du einen Prinzen oder eine Prinzessin heiratest, dann wirst du selbst Prinzessin oder Prinz.

Die Amerikaner feiern ihren Unabhängigkeitstag am 4. Juli mit einem großen Feuerwerk.

WAS UND WO SIND KOLONIEN?

Als Kolonie bezeichnet man ein Gebiet, das keine eigene politische und wirtschaftliche Macht besitzt, weil es von einem anderen Staat beherrscht wird. Schon im 15. Jahrhundert, mit der Entdeckung von Amerika, begann die Kolonialisierung – so nennt man den Prozess, sich andere Staaten anzueignen.

Die heutigen USA und Kanada waren eine riesige Kolonie, die von verschiedenen Ländern beherrscht wurde. Später wurde der afrikanische Kontinent unter den europäischen Kolonialmächten aufgeteilt, und als dann Australien entdeckt wurde, übernahm Großbritannien auch die Herrschaft darüber.

Erst im 20. Jahrhundert wurden viele Gebiete, vor allem in Afrika, wieder entkolonialisiert. Manche Länder mussten auch um ihre Unabhängigkeit kämpfen – so kam es im 18. Jahrhundert zum amerikanischen Unabhängigkeitskrieg.

WAS IST APARTHEID?

Apartheid ist ein Begriff für die staatlich organisierte Rassentrennung in Südafrika. Mit Beginn der Kolonialisierung durch die Niederländer 1652 wurde die schwarze Urbevölkerung Südafrikas unter die Herrschaft der weißen Bevölkerung gestellt.

Damit hatten die Schwarzen keine Rechte mehr, weder politisch noch gesellschaftlich. Sie durften beispielsweise nicht wählen. Auch räumlich wurden beide Rassen getrennt, schwarze Kinder durften nicht die gleichen Schulen besuchen wie weiße Kinder.

Nach langen Protesten und Gegenbewegungen wurde die Apartheid 1994 aufgehoben. In diesem Zusammenhang wurde der erste schwarze Präsident Südafrikas, Nelson Mandela (geboren 1918), berühmt. 1993 wurde er mit dem Friedensnobelpreis ausgezeichnet. Heute sind alle Südafrikaner gleichberechtigt.

Nelson Mandela

Flüchtlingslager in Albanien

WAS IST EIN FLÜCHTLING?

Ein Flüchtling ist ein Mensch, der nicht in seinem eigenen Land leben kann, weil er dort verfolgt wird. Das kann wegen seiner Rasse, Religion, Nationalität oder seiner Zugehörigkeit zu einer bestimmten sozialen Gruppe sein. Auch aus politischen Überzeugungen werden viele Menschen verfolgt.

Weltweit sind 23 Millionen Menschen auf der Flucht. Sie haben ihr eigenes Land verlassen und suchen in einem anderen Schutz. Dazu kommen 27 Millionen Menschen, die innerhalb ihres eigenen Landes flüchten müssen.

Sie würden gern ihr Land verlassen, starke Grenzkontrollen machen ihnen das aber schwer, also verstecken sie sich. Fast alle dieser zusammengerechnet 50 Millionen Menschen leben in Armut.

WIE VIELE MENSCHEN OHNE EIGENE WOHNUNG GIBT ES?

Menschen, die keine Wohnung haben, müssen in Notunterkünften oder sogar im Freien übernachten und leben – diese Menschen nennt man Obdachlose. Dafür gibt es ganz unterschiedliche Gründe: Trennung vom Partner, Arbeitslosigkeit, Drogen- oder Alkoholabhängigkeit. Oft kommen mehrere Gründe zusammen.

In Deutschland gibt es derzeit etwa 270.000 obdachlose Menschen, auf der ganzen Welt sind es 100 Millionen Menschen. Dazu kommen diejenigen, die in unzureichenden Notunterkünften leben – das sind dann über eine Milliarde auf der ganzen Welt. Kannst du dir so viele Menschen vorstellen?

Jeder Staat hat seine eigenen Gesetze. Diese sind in Paragraphen unterteilt.

WAS IST EIN STAAT?

Der Begriff meint, dass sich viele Menschen auf einem bestimmten, abgegrenzten Gebiet zusammenschließen. Sie einigen sich auf feste Regeln ihres gesellschaftlichen und politischen Lebens – das sind die Gesetze – und besitzen eine eigene Regierungsform, zum Beispiel eine Demokratie. Jeder Staat ist normalerweise unabhängig von anderen Staaten.

Bis so ein Staat entsteht und sich die Menschen auch zusammengehörig fühlen, dauert es sehr lange. Manchmal kommt es vor, dass sich einige Gebiete von bestehenden Staaten abspalten und einen neuen Staat mit eigenen Gesetzen ausrufen.

WAS IST EINE PARTEI?

Der Begriff Partei stammt aus dem Lateinischen und bedeutet Teil oder Richtung. Bezeichnet werden damit politische Zusammenschlüsse von Menschen. Diese haben alle die gleichen oder wenigstens ähnliche Ideen und Ziele.

Zum Beispiel will die eine Partei Strom aus Windkraft und eine andere Partei will Strom aus Atomenergie. Um diese Ziele zu verwirklichen, versuchen sie, politische Macht zu erlangen. Wenn zum Beispiel die Partei, die die Windenergie durchsetzen möchte, den Posten des Umweltministers besetzen kann, kann sie ihre Ziele leichter umsetzen.

Welche Partei ein Land regiert, wird vom Volk gewählt.

WOZU GIBT ES GESETZE?

In jedem Land gibt es ganz viele unterschiedliche Menschen, arme, reiche, fleißige, faule und viele mehr. Jeder von ihnen hat Rechte und Pflichten, damit alle gut zusammenleben können.

Das funktioniert aber nur, wenn es Regeln gibt, an die sich alle halten müssen. Und wenn diejenigen, die sich nicht an die Regeln halten, bestraft werden. Diese Regeln und Strafen sind die Gesetze. Gesetze werden von Politikern, die von den Erwachsenen gewählt werden, festgelegt.

Das oberste Gebot dabei ist Gerechtigkeit. Sie wird oft in Form der sogenannten Justitia dargestellt. Justitia urteilt, ohne sich von dem Äußeren der Person beeinflussen zu lassen (Augenbinde) und erst nachdem sie die Sachlage sorgfältig abgewogen hat (Waage). Dann setzt sie das Recht mit der nötigen Härte durch (Schwert).

WIESO GAB ES EINEN KALTEN KRIEG?

Während des Kalten Krieges war es nicht kälter als sonst und er hat auch nicht nur im Winter stattgefunden. Eigentlich war es nicht mal ein Krieg, das heißt, es gab keine militärischen Handlungen.

Aber zwischen 1947 und den 1980er-Jahren gab es einen ständigen Streit zwischen den Mächten im Westen, allen voran den USA, und den Ostblockstaaten unter Führung der Sowjetunion. Egal in welchem Bereich, ob politisch, technologisch oder wirtschaftlich – beide Seiten bemühten sich, stets besser als die andere zu sein. Offiziell beendet wurde der Kalte Krieg 1990 mit der Charta von Paris.

Während des Kalten Krieges war Deutschland durch die Berliner Mauer geteilt.

WAS VERSTEHT MAN UNTER GLOBALISIERUNG?

Die Wurzel des Wortes ist global und das bedeutet weltumspannend. Das kennst du vielleicht von Globus. Dementsprechend meint Globalisierung, dass die einzelnen Länder durch Handel und Politik immer mehr zusammenwachsen.

Zum Beispiel stellen große Produktionsfirmen ihre Produkte in einem Land her und verkaufen sie in einem anderen. So sparen sie Geld bei der Herstellung und können die Produkte günstiger verkaufen. Für einige Länder ist das gut, für andere schlecht.

WAS SIND SOZIALE NETZWERKE?

Soziale Netzwerke sind lose Netzgemeinschaften von Menschen rund um den Globus. Diese Menschen treffen sich im Internet auf bestimmten Seiten, um sich online auszutauschen und die jeweiligen Inhalte der Medien einzeln oder gemeinsam zu gestalten.

Als weltweit größtes soziales Netzwerk gilt mit über 900 Millionen Mitgliedern Facebook. Hier kann man persönliche Profile erstellen, digitale Freundschaften eingehen, Nachrichten versenden und chatten, Fotos online stellen und vieles mehr.

Dieses Zeichen bedeutet „Vorsicht, radioaktiv!".

WAS IST RADIOAKTIVITÄT?

Atomenergie beruht auf der Radioaktivität einiger Stoffe. Jeder Stoff besteht aus Atomen, das sind die kleinsten Teilchen, die es gibt. Und jedes Atom besteht aus einem Kern und einer Hülle.

Radioaktivität ist die Eigenschaft der Atomkerne, spontan und selbstständig zu zerfallen. Dabei werden Wärme und gefährliche Strahlen freigesetzt. Diese Wärme wird zur Energieerzeugung genutzt. Hierbei muss man aber sehr vorsichtig sein, denn die Strahlung kann je nach Art und Menge sehr gefährlich sein.

QUIZ

1. **Welches Fahrzeug entwickelten die Brüder Montgolfier, um fliegen zu können?**
   a) Helikopter
   b) Zeppelin
   c) Heißluftballon

2. **Wann lebten die Dinosaurier?**
   a) Vor über 225 Milionen Jahren
   b) Vor 150 Millionen Jahren
   c) Vor zwei Millionen Jahren

3. **In welcher deutschen Stadt wurde das erste europäische Porzellan entwickelt?**
   a) München
   b) Berlin
   c) Meißen

4. **Wie alt ist der älteste Baum der Welt?**
   a) Fast 25.000 Jahre alt
   b) Fast 10.000 Jahre alt
   c) Fast 3000 Jahre alt

5. **In welchen Lebensmitteln sind besonders viele wichtige Vitamine enthalten?**
   a) In Obst, Gemüse und Nüssen
   b) In Käse, Milch und Wurst
   c) In Fastfood, Schokolade und Gummibärchen

6. **Wie heißt der Oscar eigentlich?**
   a) Schauspiel-Award
   b) Onkel Oscar
   c) Academy Award of Merit

7. **Bei welcher Tierart bekommen die Männer den Nachwuchs?**
   a) Seehunde
   b) Seepferdchen
   c) Seeadler

8. **Wofür steht die Abkürzung www?**
   a) western world web
   b) world wide web
   c) wieso weshalb warum

9. **Wie heißt der Farbstoff in unserer Haut, der manche Menschen heller und andere dunkler aussehen lässt?**
   a) Melanin
   b) Nelamim
   c) Lemanin

10. **Woraus besteht die Milchstraße?**
    a) Aus Milch
    b) Aus Teer
    c) Aus Sternen

11. **Woher hat die Teewurst ihren Namen?**
    a) In ihr ist Schwarzer Tee enthalten.
    b) Teewurst-Schnittchen wurden gern zur Teezeit verzehrt.
    c) Ihr Erfinder liebte Tee.

12. **Wer schoss das erste Foto der Geschichte?**
    a) Joseph N. Niepce
    b) Louis Daguerre
    c) William Fox Talbot

13. **Wie lang ist der DNA-Strang in jedem menschlichen Zellkern?**
    a) Etwa zwei Meter
    b) Etwa drei Zentimeter
    c) Etwa 15 Millimeter

14. **Wo stehen die ältesten Pyramiden der Welt?**
    a) In Rom
    b) In Mittelamerika
    c) In Ägypten

15. **Wer diente als Vorlage für die Gruselgestalt Graf Dracula?**
    a) Johannes Draculis
    b) Fürst Vlad III. Draculea
    c) Königin Sibilla von Dracula

16. **Wo sitzen sowohl unser kleinster Knochen als auch der kleinste Muskel?**
  a) Im Ohr
  b) Im Oberschenkel
  c) Im kleinen Zeh

17. **Wer war der erste Mensch im Weltraum?**
  a) Alan Shepard
  b) Neil Armstrong
  c) Juri Gagarin

18. **Welche Gase sorgen dafür, dass Pupse manchmal stinken?**
  a) Treibhausgase
  b) Stinkgase
  c) Lachgase

19. **Wieso schmeckt Meerwasser salzig?**
  a) Weil die Meerfische Salz ausscheiden.
  b) Weil der Meeresboden sehr salzig ist.
  c) Weil Salze nicht verdunsten und sich im Meer anreichern.

20. **Welche Königin trug den Beinamen „die Große"?**
  a) Queen Victoria
  b) Zarin Katharina II.
  c) Königin Elisabeth Christine

21. **Welcher Teil des Gehirns ist am größten?**
  a) Großhirn
  b) Zwischenhirn
  c) Stammhirn

22. **Aus welchem Farbverlauf besteht ein Regenbogen?**
  a) Türkis, Orange, Grün, Rot, Blau, Gelb
  b) Lila, Grün, Rot, Gelb, Blau, Orange
  c) Lila, Blau, Grün, Gelb, Orange, Rot

23. **Wie lange braucht die Erde, um die Sonne einmal komplett zu umkreisen?**
  a) Einen Monat
  b) Ein Jahr
  c) Zehn Jahre

24. **Welcher Stoff in Kaffee, Tee und Cola hält uns wach?**
  a) Zucker
  b) Eiweiße
  c) Koffein

25. **Wer entwickelte die berühmte Relativitätstheorie?**
  a) Isaac Newton
  b) Albert Einstein
  c) Galileo Galilei

26. **Wie viele Weltwunder gab es in der Antike?**
  a) Zehn
  b) Drei
  c) Sieben

27. **Was ist der Taj Mahal?**
  a) Ein Grabmal
  b) Ein Schloss
  c) Ein Kloster

28. **Was versorgt den Fötus im Mutterleib während der Schwangerschaft mit allen wichtigen Nährstoffen und Sauerstoff?**
  a) Das Fruchtwasser
  b) Die Nabelschnur
  c) Er versorgt sich selbst.

29. **In welche Stadt sollten Muslime einmal im Leben pilgern?**
  a) Nach Mekka
  b) Nach Kairo
  c) Nach Teheran

30. **Was bedeutet der Namenszusatz Buddha in der buddhistischen Religion?**
  a) Der Mitfühlende
  b) Der Weise
  c) Der Erleuchtete

Lösungen: 1c), 2a), 3c), 4b), 5a), 6c), 7b), 8b), 9a), 10c), 11b), 12a), 13a), 14c), 15b), 16a), 17c), 18b), 19c), 20b), 21a), 22c), 23b), 24c), 25b), 26c), 27a), 28b), 29a), 30c)

Register

BILDNACHWEIS

Uwe Köhler: 17 m.

dpa Picture-Alliance, Frankfurt: picture-alliance/akg-images 22 l.; picture-alliance/chromorange 109 l.; dpa Fotografia 105 r.

www.fotolia.de: jokatoons 4, 7 r. u., 11 r. u., 13 l. u., 16 m., 27 o., 29 r. o., 32 r. u., 35 l. o., 38 r. o., 40 r. u., 42 l. u., 44 r. u., 47 l. o., 49 l. u., 51 m. o., 52 r. u., 54 r. o., 58 r. u., 61 r. o., 63 r. u., 64 r. o., 68 l. o., 70 r. o., 72 r. u., 79 l. u., 81 l. u., 82 r. o., 85 l. o., 86 m. u., 88 r. o., 90 r. u., 92 m. u., 95 l. u., 99 m. u., 102 r. o., 110 r. o., 113 l. o., 115 l. u., 119 r. u., 126 l. u., 131 l. u., 132 l. u., 134 r. u., 137 l. u., 138 r. u., 141 o.; Andreas Meyer 3 o., 5 u.; Alfred Tschui 6 r.; Ramona Marina 9 l.; Carrick Jones 9 r.; Firma V 13 r. u.; fotoreisen.com 14 l.; Omika 15 l.; Prapass Wannapinij 15 r.; M. Schuppich 18 l.; maggiw 26 o.; Tatyana Gladskih 33 m.; Jürgen Feldhaus 36 l.; nem4a 40 r. o.; Witold Krasowski 43 m.; kameel 43 r.; matka_Wariatka 45 m.; ag visuell 47 l. u.; coldwaterman 49 l. o.; Alexander Raths 50 m.; Bronwyn Photo 53 m.; klickerminth 53 r.; mars 54 l.; kristian sekulic 57 l.; erectus 58 r.; Leah-Anne Thompson 60 l.; Marzanna Syncerz 63 l.; Anyka 65 l.; Jesper 65 m.; Pavel Losevsky 66 m.; Marzanna Syncerz 70 m.; arsdigital 71 r.; MAK 74 l.; Wladimir Tolstich 74 r.; Kzenon 75 r.; Zlatan Durakovic 76 l.; Barbara Pheby 77 m.; Karramba Production 79 l.; Irina Fischer 80 l.; mbt_studio 81 l.; Richard Blaker 82 l.; Anatolii 82 r. m., 140 l.; Hallgerd 85 r.; PeJo 87 l.; auremar 90 r. o.; phlppgrssr 94 l., 141 m.; Rainer Claus 94 r.; Alexander Mandl 97 l.; Vaclav Janousek 97 r.; ayelet_keshet 99 r.; Monkey Business 100 l.; nito 100 r.; Kara 101 l.; Dron 101 r.; Christian Schwier 102 l.; farbkombinat 113 l. u.; Digitalpress 115 l. o.; mrr 121 m.; Freehand 125 l.; Jose Manuel Gelpi 126 r.; Paul Fleet 137 r.; pressmaster 139 u.

www.shutterstock.com: Melanie DeFazio 5 l., 84 l.; Ramona Heim 8 r., 88 r.; Nikolai Tsvetkov 10 m.; mikumistock 11 l.; huxiaohua 12 l.; Natursports 12 r.; Eric Isselee 13 r. o.; Maxim Tupikov 16 l.; Willyam Bradberry 16 r.; Volodymyr Goinyk 17 l., 72 l.; Igor Zakowski 17 r.; scaners3d 18 r.; Eva Blanda 19 l.; Laurin Rinder 20 l.; Trombax 20 r.; Paul B. Moore 21 l.; ImageTeam 21 r.; AGorohov 22 r.; Gouraud Studio 23 l.; Monkey Business Images 23 r.; esinel 24 r.; Julia Metkalova 27 l.; Battrick 28 l.; Natykach Nataliia 28 r.; LeNi 29 l.; lenetstan 30 l.; ILYA AKINSHIN 30 r.; Tatyana Vychegzhanina 31 l.; wavebreakmedia 31 r.; LSaloni 32 r. o.; Lars Kastilan 33 l.; OPIS Zagreb 33 r.; marionbirdy 35 l. u.; ilker canikligil 35 r., 141 u.; Oguz Aral 37 r.; JulijaSapic_Portfolio 38 l.; Yuri Arcurs 38 r. u., 72 r.; Kati Neudert 39 r.; Suzanne Tucker 41 l.; Matthew Cole 41 r.; Lightspring 42 l.; Andrey Armyagov 42 r.; Jacek Chabraszewski 44 l.; hkannn 44 m.; CREATISTA 44 r. o.; Africa Studio 45 r., 90 l.; Alex Luengo 46 l.; Valeriy Lebedev 46 r.; asif waseem 47 r.; Julien Tromeur 48 l.; RAJ CREATIONZS 48 r.; Lorelyn Medina 49 r.; Margot Petrowski 50 l.; Kim Reinick 50 r.; CREATISTA 51 l.; Golden Pixels LLC 51 m. u.; YanLev 51 r.; Andrea Danti 52 l.; ancroft 53 l.; ollyy 54 r. u.; alphaspirit 55 l.; Alex Luengo 55 r.; Cardens Design 56 l.; Rawin Cheasagul 56 r.; Triff 59 l.; Krivosheev Vitaly 60 m.; mironov 60 r.; viewgene 61 l.; doraclub 61 r.; Marijus Auruskevicius 62 l.; silver-john 62 r.; LilKar 63 r. o.; Merkushev Vasiliy 64 l.; Sunny Forest 64 r. u.; doratoy 65 r.; Iakov Kalinin 66 l.; WDG Photo 66 r.; Vaclav Volrab 67 l.; Ozerov Alexander 67 m.; Paul Aniszewski 67 r.; MongPro 68 l.; Sarun T 68 r.; tagstiles.com – S.Gruene 69 l.; SandiMako 69 r.; Nir Darom 70 l.; YuriyZhuravov 70 r. u.; Dennis Cox 73 l.; jannoon028 73 r.; jeep2499 74 m.; Sergey Chirkov 75 l.; marco mayer 75 m.; Andrey Arkusha 76 r.; newphotoservice 77 l.; Pavzyuk Svitlana 78 l.; Viktor1 78 r.; Christian Draghici 79 r.; Zurijeta 83 l.; Steshkin Yevgeniy 86 l.; VaLiza 87 r.; ARENA Creative 88 l.; Helenlbuxton 89 r.; hkeita 91 l.; lev dolgachov 92 l.; Jorge Salcedo 92 r.; Violinoviola 93 m.; NinaMalyna 93 r.; Andreas Kraus 95 l. o.; Rozhkovs 95 m.; hierophant2005 95 r.; f9photos 96 l.; GekaSkr 96 r.; pichayasri 98 l.; Aprilphoto 98 r.; Julia Ivantsova 99 l.; Pecold 102 r. u.; Santhosh Kumar 106 l.; Monkey Business Images 108 l.; Kzenon 108 m.; djdarkflower 108 r. m.; konstantinks 108 r. o.; ayazad 109 r.; Mikhail Zahranichny 110 l.; Tatiana Grozetskaya/ Shutterstock.com 111 l.; arka38 114 l.; pepsprog 114 r.; dedMazay 116 l., 140 r.; defpicture 117 l.; Igor Zh. 117 r.; Stephanie Lirette 118 l.; Malgorzata Kistryn 118 m.; pichayasri 118 r.; James Steidl 119 l.; VectorShots 121 r.; HandmadePictures 122 l.; jocic 122 r.; irin-k 123 l.; Margarita Borodina 123 m.; Lorelyn Medina 3 r. u., 123 r.; Oleg Golovnev 125 m.; Anneka 125 r.; james weston 126 l. o.; Sergey Lavrentev 127 l.; Inc 128 l.; z576 128 r.; Fanfo 129 m.; Andrea Danti 129 r.; lakeemotion 133 r.; Pressmaster 134 r. o.; Northfoto/Shutterstock.com 136 l.; Lisa S. 136 r.; grafikanaprani 137 l. o.; sellingpix 139 l. o.; Kristina Postnikova 139 r. o.

Lidman Production, Stockholm: 37 l., 38 m., 39 l., 40 l., 43 l., 93 l.

www.istockphoto.com: kate_sept2004 124 l.

www.pixelio.de: Gabriela Neumeier 6 l.; Sabine Schmidt 6 m.; Lupo 7 r.; Fabian Forban 9 m.; Christine Senkel 10 l.; Templermeister 10 r.; Oliver Haja 11 r. o.; Peter Smola 13 l.; Ursula Hoitz 20 m.; gänseblümchen 77 r., 81 r.; Wilhelmine Wulff 3 l., 80 m.; Franz Haindl 80 r.; Günter Havlena 84 m.; angelina.s...k.... 84 r.; Ernst-Rose 85 l.; Angelina S........ 89 l.; CIS 106 r.; karrenbrock.de 107 l.; Rolf Handke 107 r.; Thomas Max Müller 113 r.; wattwurm25 115 r.; Ralph Aichinger 124 r.; Alexander Hauk 127 m.; alt-f4 127 r.; Marianne J. 134 l.

Sonstige: Urheber: Dinosaur Zoo, Lizenz: cc-by-sa 5 r. m.; Urheber: J. Dietrich, Lizenz: cc-by-sa 7 l.; Urheber: Serhanoksay, Lizenz: cc-by-sa 8 l.; Urheber: Muhammad Mahdi Karim, Lizenz: cc-by-sa 14 r.; Urheber: ArtMechanic, Lizenz: cc-by-sa 19 r.; Urheber: Benjamin D. Esham, Lizenz: cc-by-sa 26 u.; Urheber: Rabensteiner, Lizenz: cc-by-sa 27 r. u.; Urheber: Simon A. Eugster, Lizenz: cc-by-sa 58 l.; Urheber: Henry Mühlpfordt, Lizenz: cc-by-sa 86 r. m.; Urheber: Reg Mckenna, Lizenz: cc-by-sa 103 r.; Urheber: MykReeve, Lizenz: cc-by-sa 110 r. u.; Urheber: Ansgar Walk, Lizenz: cc-by-sa 111 r.; Urheber: South Africa The Good News / www.sagoodnews.co.za, Lizenz: cc-by-sa 135 r.; Urheber: Roland Zumbuehl, Lizenz: cc-by-sa 138 l.; Urheber: Noir, Lizenz: cc-by-sa 138 u.